空中交通管制员行为动力学

王艳军　胡明华　[法]Vu Duong　著

北京航空航天大学出版社

内 容 简 介

作为空中交通复杂系统中的关键组成部分,空中交通管制员(简称"管制员")的行为对于航空运输安全、高效运行起着至关重要的作用。本书以数据驱动为主要方法,结合心理学、认知学理论,对空中交通管理系统中管制员的行为进行了深入的研究,重点研究了管制员的眼动行为、注意力分配和通信行为的特征及规律。这一领域的研究成果对于优化航空运输系统运行、复杂系统建模和应用系统开发等具有重要的应用价值,而且对于深入理解人类行为、扩展人类动力学研究领域具有重要的理论意义。

本书适用于民用航空相关专业的本科生、研究生或从业者,以及从事复杂系统研究、人为因素研究和大数据相关研究的专业人员。

图书在版编目(CIP)数据

空中交通管制员行为动力学 / 王艳军,胡明华,
(法)武元东(Vu Duong)著. -- 北京 ：北京航空航天
大学出版社,2019.12
ISBN 978 - 7 - 5124 - 3186 - 7

Ⅰ. ①空… Ⅱ. ①王… ②胡… ③武… Ⅲ. ①民用航空—空中交通管制—工作人员—行为分析 Ⅳ.
①V355.1

中国版本图书馆 CIP 数据核字(2019)第 265624 号

空中交通管制员行为动力学

王艳军 胡明华 ［法］Vu Duong 著
责任编辑 刘晓明

*

北京航空航天大学出版社出版发行

北京市海淀区学院路 37 号(邮编 100191) http://www.buaapress.com.cn
发行部电话:(010)82317024 传真:(010)82328026
读者信箱：goodtextbook@126.com 邮购电话:(010)82316936
艺堂印刷(天津)有限公司有限公司印装 各地书店经销

*

开本:710×1 000 1/16 印张:9.75 字数:208 千字
2019 年 12 月第 1 版 2019 年 12 月第 1 次印刷
ISBN 978 - 7 - 5124 - 3186 - 7 定价:59.00 元

前　　言

随着国民经济的快速发展,航空运输需求日益增长,空中交通流量不断增加。信息技术和自动化技术等在空中交通管理(简称"空管")系统中的广泛应用,不仅提高了系统的容量,同时也增加了系统的复杂性。作为系统的关键组成部分,管制员的行为对于航空运输安全、高效运行起着至关重要的作用。在"人-机-环-管"组成的系统中,管制员通过多种渠道获取相关信息并迅速做出决策,指挥航班安全顺畅地运行。以往研究主要集中在管制员的工作负荷和认知行为上,而侧重管制员的信息获取行为的研究很少。管制员在管制过程中主要通过眼睛获取各种信息,通过语音通信指挥航班在空中或机场运行。因此,研究管制员的眼动行为和语音通信行为对航空运输安全和效率具有重要的意义。

本书研究管制员眼动行为和语音通信行为,识别管制员信息获取和输出的模式,揭示管制员眼动行为与空域行为之间的关系。通过对管制员与飞行员通信行为的时-空特性分析,揭示管制员指挥行为的动力学机制。

在管制员信息获取行为方面,通过设计不同的管制模拟实验,对管制员眼动行为的内在规律进行研究,发现管制经验对管制员眼动行为模式具有重要影响,以及管制员的眼动行为与扇区交通行为之间存在一定的关系;对管制员信息输出行为进行研究,发现管制员语音通信行为的时间特征同样具有重尾特征;通过提出将通信时间序列转换为复杂网络的方法,研究管制员语音通信行为的空间特征,发现通信行为中存在"链状"和"环状"的通信行为模体;发现管制员通信行为的波动特征可以用泰勒法则进行刻画。此外,通过分析实证数据,发现人类在面临压力时处理任务的行为机制与正常状态下的行为机制不尽相同。

本书在优化航空运输系统运行、复杂系统建模和应用系统开发等方面具有重要应用价值,并且对于深入理解人类行为、扩展人类动力学研究领域具有重要的理论意义。

本书得到了国家自然科学基金项目的资助(项目批准号:U1833126,61773203,61304190)

作　者
2019 年 10 月

目　　录

第1章　空中交通管理和空中交通管制员行为 ……………………………… 1

　1.1　空中交通管理系统的重新划分 …………………………………… 1

　　1.1.1　静态子系统 …………………………………………………… 2

　　1.1.2　动态子系统 …………………………………………………… 5

　　1.1.3　人为子系统 …………………………………………………… 5

　　1.1.4　空中交通管理系统的主要特征 ……………………………… 7

　1.2　空中交通管制员的角色 …………………………………………… 7

　　1.2.1　管制任务 ……………………………………………………… 8

　　1.2.2　管制员作为一个管制黑盒 …………………………………… 9

　　1.2.3　语音通信 …………………………………………………… 11

　　1.2.4　通过语音通信的信息扩散 ………………………………… 12

　1.3　管制员行为研究综述 …………………………………………… 13

　　1.3.1　任务需求:空域行为 ……………………………………… 14

　　1.3.2　内部行为:策略管理 ……………………………………… 14

　　1.3.3　外部行为:语音通信和性能表现 ………………………… 16

　　1.3.4　局限性 ……………………………………………………… 17

　1.4　本章小结 ………………………………………………………… 17

第2章　眼动行为研究相关基础 …………………………………………… 18

　2.1　引　言 …………………………………………………………… 18

　2.2　眼动行为基本类型 ……………………………………………… 18

　2.3　眼动行为表征参数 ……………………………………………… 19

　　2.3.1　注视行为参数 ……………………………………………… 19

　　2.3.2　扫视行为参数 ……………………………………………… 19

　　2.3.3　眨眼行为参数 ……………………………………………… 20

　2.4　眼动数据区分算法 ……………………………………………… 20

　2.5　航空运输领域眼动行为相关研究 ……………………………… 22

　　2.5.1　飞行领域中眼动行为的研究 ……………………………… 22

　　2.5.2　空管领域中眼动行为的研究 ……………………………… 23

　　2.5.3　研究现状评述 ……………………………………………… 24

　2.6　本章小结 ………………………………………………………… 25

第3章　管制专家与新手眼动行为对比 …………………………………… 26

　3.1　引　言 …………………………………………………………… 26

　　3.2　实验设计……………………………………………………… 26
　　3.3　结果分析……………………………………………………… 29
　　　　3.3.1　不同场景下管制员的注视行为分析……………………… 29
　　　　3.3.2　不同场景下管制员的扫视行为分析……………………… 35
　　　　3.3.3　管制员眼动行为差异的显著性分析……………………… 41
　　3.4　本章小结……………………………………………………… 44

第4章　管制员眼动行为与工作负荷的关系…………………………… 45
　　4.1　引　言………………………………………………………… 45
　　4.2　实验设计……………………………………………………… 45
　　4.3　管制员工作负荷概述………………………………………… 47
　　　　4.3.1　管制员工作负荷定义……………………………………… 47
　　　　4.3.2　管制员工作负荷测量方法………………………………… 47
　　4.4　结果分析……………………………………………………… 48
　　　　4.4.1　不同场景下管制员的工作负荷…………………………… 48
　　　　4.4.2　场景复杂性对管制员眼动行为的影响…………………… 50
　　　　4.4.3　任务时间对管制员眼动行为的影响……………………… 53
　　　　4.4.4　管制员眼动行为和工作负荷的研究结果………………… 57
　　4.5　本章小结……………………………………………………… 58

第5章　管制员眼动行为与注意力的关系……………………………… 59
　　5.1　引　言………………………………………………………… 59
　　5.2　管制员注意力实验设计……………………………………… 59
　　　　5.2.1　实验环境及过程…………………………………………… 59
　　　　5.2.2　采集仪器…………………………………………………… 60
　　　　5.2.3　实验采集样本……………………………………………… 61
　　　　5.2.4　实验流程…………………………………………………… 61
　　　　5.2.5　实验设备的调整…………………………………………… 61
　　5.3　数据处理方法………………………………………………… 62
　　　　5.3.1　眼动指标区分算法………………………………………… 62
　　　　5.3.2　生理指标预处理…………………………………………… 62
　　5.4　眼动与生理系统的关联性…………………………………… 63
　　5.5　注意力分配的变化特性……………………………………… 65
　　　　5.5.1　眼动及生理指标特征……………………………………… 65
　　　　5.5.2　显著性分析………………………………………………… 67
　　　　5.5.3　多重分形去趋势波分析…………………………………… 68
　　5.6　注意力分配的分布特性分析………………………………… 77
　　　　5.6.1　管制场景区域划分方法…………………………………… 77

　　　5.6.2　基于 K‑Means 聚类的管制区域划分 ·················· 77

　　　5.6.3　眼动行为参数选取 ·································· 79

　　　5.6.4　兴趣区内视觉特性分析 ······························ 79

　　5.7　本章小结 ·· 82

第 6 章　航空器速度对管制员注意力分配的影响 ···················· 83

　　6.1　注意力分配的变化特性 ································· 83

　　　6.1.1　眼动及生理指标特征 ································ 83

　　　6.1.2　显著性分析 ·· 85

　　　6.1.3　多重分形去趋势波分析 ······························ 86

　　6.2　注意力分配的分布特性分析 ····························· 90

　　　6.2.1　兴趣区内视觉特性分析 ······························ 90

　　　6.2.2　注视熵分析 ·· 91

　　6.3　本章小结 ·· 92

第 7 章　管制员通信行为的时间特征 ····························· 93

　　7.1　引　言 ·· 93

　　7.2　人类行为动力学研究 ··································· 93

　　　7.2.1　人类行为动力学:实证研究 ·························· 93

　　　7.2.2　人类行为动力学:模型 ······························ 94

　　　7.2.3　与管制员行为的对比 ································ 95

　　7.3　管制员通信行为定义 ··································· 96

　　7.4　管制员通信行为数据 ··································· 97

　　7.5　空域行为和管制员通信行为之间的关联 ···················· 99

　　　7.5.1　通信行为指标 ······································ 99

　　　7.5.2　动态密度(DD) ···································· 99

　　　7.5.3　基于动力学系统的交通复杂性 ······················· 100

　　　7.5.4　关联结果 ·· 100

　　　7.5.5　C_i^N 和 T_i^N 之间的相关性 ························· 101

　　　7.5.6　通信、DD 和 C‑DSM 之间的相关性 ·················· 102

　　7.6　管制员通信行为的时间特征分析 ························· 104

　　　7.6.1　管制员通信行为的周期模式 ························· 104

　　　7.6.2　去趋势波动分析法 ·································· 105

　　　7.6.3　通信时间间隔分布 ·································· 106

　　7.7　管制员通信时间行为特征的心理学解释 ··················· 111

　　7.8　本章小结 ·· 112

第 8 章　管制员通信行为的空间特征 ··························· 113

　　8.1　引　言 ·· 113

8.2　基于抽象结构的管制策略 ·· 113

8.3　人类出行行为的一般模式 ·· 114

8.4　通信行为空间特征的研究方法 ·· 114

　　8.4.1　将时间序列映射到网络的方法 ······························ 114

　　8.4.2　网络分析技术 ··· 117

8.5　管制员通信行为数据 ··· 119

8.6　管制员通信行为的空间特征 ··· 121

　　8.6.1　时间聚合网络 ··· 121

　　8.6.2　含时网络 ·· 124

8.7　本章小结 ··· 127

第9章　管制员通信行为的波动特征 ··· 128

9.1　引　言 ·· 128

9.2　波动标度 ··· 128

　　9.2.1　时间尺度上的波动标度 ······································ 128

　　9.2.2　系综尺度上的波动标度 ······································ 129

9.3　数　据 ·· 129

9.4　实证结果 ··· 129

　　9.4.1　时间尺度上的波动标度 ······································ 130

　　9.4.2　系综尺度上的波动标度 ······································ 131

9.5　管制员通信行为波动标度的解释 ······································ 134

9.6　本章小结 ··· 135

第10章　结论和观点 ·· 136

10.1　管制员行为动力学研究的意义 ······································· 136

　　10.1.1　对于基于模型的空管系统仿真的意义 ··················· 136

　　10.1.2　对于认知行为研究的意义 ··································· 136

　　10.1.3　对于系统设计的意义 ·· 137

10.2　未来可能的研究方向 ··· 137

　　10.2.1　对人类活动的理解 ·· 137

　　10.2.2　复杂系统的建模 ··· 138

参考文献 ·· 139

第1章 空中交通管理和空中交通管制员行为

1.1 空中交通管理系统的重新划分

空中交通管理(Air Traffic Management，ATM)是指有关当局为了有效维护和保障空中交通运行安全提供的空中交通服务(Air Traffic Service，ATS)、空域管理(Airspace Management)和空中交通容量流量管理(Air Traffic Flow and Capacity Management，ATFCM)。空中交通服务包括空中交通管制服务(Air Traffic Control Service)、空中交通咨询服务(Air Traffic Advisory Service)、飞行情报服务(Flight Information Service)和告警服务(Altering Service)。其中,空中交通管制是指基于地面的空中交通管制员(Air Traffic Controllers)(简称"管制员")为其所管辖空域内的航空器提供飞行情报、间隔服务等。管制员的主要任务是在确保所有航空器飞行安全的前提下,提供一个安全、高效的交通流。

空中交通管制的历史可以追溯到 20 世纪 20 年代。莱特兄弟的飞行试验成功后不久,航空器便被广泛用作航空运输工具。早期,管制员需要站在机场跑道延伸处,通过使用不同颜色的旗子与飞行员进行通信,从而实现交通管制服务。这种交通管制方法的缺点显而易见。首先,由于飞行员在飞行中视力范围有限,使用彩旗进行通信会受到能见度的限制。例如,在夜晚或能见度较低的天气情况下,机场将不能提供空中交通管制服务。其次,这种通信方式是单向的,即管制员不能确定飞行员是否已经收到其所发出的管制信号。在这种管制方式下,飞行员经常会曲解管制员发出的管制信息。因此不久后,"发光枪"就取代彩旗形成新的管制方式——管制员在塔台上使用一个特殊的装置发射带有颜色的高强度光束,指向接受指令的飞机,其中不同颜色的光束对应不同的管制指令。"发光枪"管制方式虽然克服了彩旗管制方式的一些缺点,但它还是会受到天气等因素的影响,而且这种通信方式也是单向的。目前,一些机场还保留有这种"发光枪"。随着无线电通信技术的发展,无线通信逐渐被应用到航空领域。但是,在使用无线通信的早期,由于无线电电子设备过于沉重,航空器运营人员都倾向于只在航空器上安装无线电通信接收设备,而不安装发射设备,所以当时的交通管制依然是单向的。直到所有航空器都具备无线电通信的能力,地-空语音通信才成为可能,管制员-飞行员语音通信也因此迅速成为管制员指挥空中交通的主要方式。当前,几乎所有的主要空中交通管制中心都是借助语音通信来提供空中交通管理服务的。

导航和监视技术的发展同样也影响了空中交通管制方式的转变。早期,飞行员主要采用地标领航,即飞行员通过观察地面主要地形、建筑物等特征,来确定自己的位置。管制员通过飞行员报告的速度、高度、航向和位置等信息,迅速计算出航空器未来的轨迹。这种管制方式通常被称为"程序管制"。在地面导航台、雷达监视等设备建设完善后,管制员可以通过监视雷达屏幕,综合飞行员报告的信息,来确定航空器的位置和轨迹。相应的管制方式称为"雷达管制"。当前,世界主要地区的空中交通管理中心都采用语音通信下的雷达管制。

为了确保管制员能够安全地为其所管辖空域内的航空器提供服务,一个国家(或地区)的空域被划分成若干个小的单元,即扇区。根据扇区的地理位置,不同的管制单位负责相应扇区内的空中交通管理服务,即空中交通管制中心。根据航空器飞行的阶段,空中交通管理机构可大致划分为:塔台(机场)管制中心、进近(或终端)管制中心以及区域(航路)管制中心。塔台管制主要负责航空器在机场地面的滑行、起飞和降落;进近管制则处理进、离场的航班流,同时为飞跃其管辖扇区的航空器提供服务;区域管制,即航路管制,为飞行在航路上的航空器提供交通管理服务。然而,这些管制中心职责的划分并不是固定不变的,通常需要根据交通流的大小而改变。比如,在一些机场,塔台管制和进近管制是由同一个管制单位完成的。

尽管每个国家的空中交通管理系统机构不尽相同,但是根据系统中各个部分的主要特征,当前的空中交通管制系统可以被分为三个部分:静态子系统、动态子系统和人为子系统,如图 1-1 所示。

在下一代的空中交通管理系统(例如美国的下一代航空运输系统(Next Generation Air Transportation System,NextGen)计划和欧洲的单一欧洲天空研究计划(Single European Sky ARM Research,SESAR))中,随着新的通信、导航和监视设备等的逐渐应用,空中交通管理的方式也将随之改变。然而,管制员作为系统中最终决策者的角色不会改变。

1.1.1 静态子系统

空中交通管理系统的静态子系统,即物理子系统,包含了空中交通管理系统的主要资源。这些资源主要有空域、机场以及其他的主要设备,例如通信、导航和监视系统。通过改善和提高静态子系统的能力来扩充整个系统的能力,往往需要大量的财力和时间。例如,为了提升机场容量而进行跑道扩建,往往需要 3~5 年的时间。

1. 空 域

为了更好地提供空中交通管理服务,一个国家(或地区)的领空通常被划分为不同的种类。空域划分的基本依据是:在可接受的风险水平内,能够为在此空域内运行的航空器提供最大限度的飞行自由。空域的划分也会视当局对不同类型空域实施不同级别的安全管制而发生改变。国际民航组织(International Civil Aviation Organization,ICAO)所采用的基于飞行规则以及管制员与飞行员之间交互行为的空域划

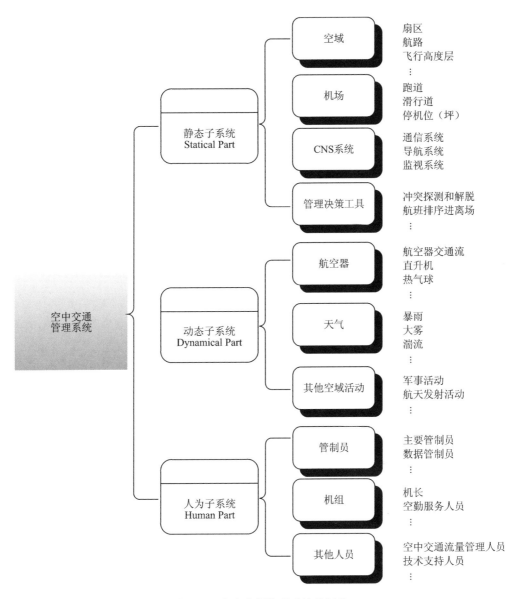

图 1-1　空中交通管理系统的划分

分方法,建议将空域划分为 7 类,即 A 类、B 类、C 类、D 类、E 类、F 类、G 类。A～E 类空域属于管制空域,F 类和 G 类空域属于非管制空域。然而,各个国家的空域划分并不会完全按照 ICAO 的划分方法来实行。例如,美国联邦航空局(Federal Aviation Administration,FAA)所采用的空域划分中不包括 F 类空域。

　　管制空域被划分为扇区,以便管制员为空域内的航空器提供管制服务。扇区划分的边界将根据空域内的航路结构和其他管制需求来确定。扇区边界并不是固定不变的,有时会根据交通管理的需要,进行扇区的拆分和合并。图 1-2 给出的是欧洲 MUAC 高空空域扇区划分的情况。如图所示,扇区的边界是不规则分布的。欧洲空中导航安全组织(The European Organisation for the Safety of Air Navigation, EUROCONTROL)负责为其内航空器提供交通管理服务。整个管制空域覆盖了比利时、荷兰、卢森堡以及德国北部的 24 500 ft(1 ft=0.304 8 m)以上的空域,囊括了超过 55% 欧洲境内的交通流量。通常,扇区内的航路结构、可用高度层的数量以及扇区三维体积的大小,将决定扇区的固有容量。

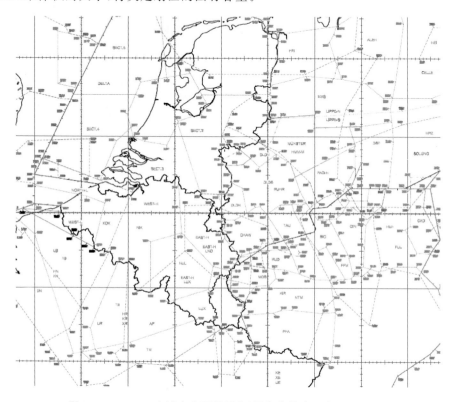

图 1-2　MUAC 空域内扇区的划分(粉色虚线表示扇区边界线)

2. 机　场

机场是航空器起降的主要场所。在民用航空中,机场是旅客和货物搭载航空器的起点和终点。机场的主要资源包括:跑道、滑行道和停机位(坪)。通常,跑道是机场系统中最稀有的资源,大多数航班延误都缘于跑道容量的不足。

3. 运行规定

出于对航空运输安全、安保和效率的考量,对于空中交通管理当局颁布的包含间隔标准、飞行服务程序以及其他相关的规章制度,各个空中交通管理单位都必须遵守、执行。

1.1.2　动态子系统

航空器和天气是空中交通管理系统中动态子系统最主要的两部分。动态子系统的其他组成包括空域内的一些其他活动,如军事划定的临时区。

1. 航空器

空中交通管制员为其所管辖扇区内的航空器提供交通管制服务,使得所有的航空器都能够安全地运行,避免交通冲突。航空器在扇区内运行,必须遵守相应的飞行规则。根据扇区类别的不同以及管制需求的不同,所适用的飞行规则也不同。总体来说,这些飞行规则包括:

- 仪表飞行规则(Instrument Flight Rules,IFR)。飞行员在仪表飞行规则下,必须按照驾驶舱内仪表的指示信息和信号来操作航空器。
- 目视飞行规则(Visual Flight Rules,VFR)。在目视飞行规则条件下,飞行员对其航空器的间隔标准负责。通常只有在天气情况允许的条件下,比如能见度良好,才会采用该飞行规则。
- 特殊目视飞行规则(Special Visual Flight Rules,SVFR)。它是指在一些特殊条件下,制定的特殊飞行规则。

航空器在扇区内可以按照预定的飞行路线飞行。只有在管制员的指挥或允许下,才可以飞行其他路线。扇区内航空器的时空分布形成了交通状态,进而影响管制员的行为。

航空器在扇区内的飞行,是一个消耗系统资源的过程。一旦扇区内的资源不足、扇区容量下降或交通饱和,将会出现交通拥堵。交通拥堵的出现,不仅会造成航班延误,更严重的是会增加管制员管理的难度,影响航空运行安全。航空器运行的轨迹,即航迹,描述了航空器扇区内的历史位置信息。图 1-3 是巴黎终端区内 2 小时的航空器运行轨迹。

2. 天气

动态子系统的另一个主要构成是天气。天气同样会消耗空域资源,恶劣的天气会严重影响系统的正常运行。例如,雷暴或晴空湍流的发生,会导致受影响扇区的容量急剧下降。如果恶劣天气出现在机场附近,比如大雾天气,机场可能会被迫关闭。天气还会影响航空器在扇区内运行的轨迹。飞行员会根据探测到的实时天气,申请改变计划飞行路线,从而增加管制难度。不同于航空器,天气的变化是不可控的,而且很难预测。

1.1.3　人为子系统

空中交通管理系统中的主要人员分为两类:空中交通管制员和机组人员。从系统的角度来看,飞行员和其他机组人员可以被视为航空器。虽然在 VFR 或者自由飞行等一些特殊的条件下,飞行员负责飞行间隔安全,但是当前系统的管理决策者仍

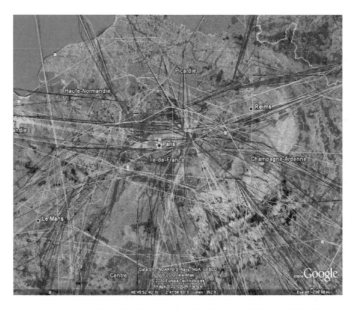

图 1 - 3　巴黎终端区 2 小时内的所有航空器的运行轨迹

然是管制员。

通常,每一个扇区由一到两个管制员负责指挥交通,配以唯一的通信频率来进行陆空通话。不同扇区管制员之间的通话一般由内话系统实现。一个扇区有一名主要的管制员负责与航空器通信来指挥交通,保持扇区内的航空器运行符合规定的标准。另一名管制员辅助主要管制员指挥交通,负责飞行计划的处理,以及与其他扇区内管制席位的协调(见图 1 - 4)。

图 1 - 4　主要管制员和辅助管制员

1.1.4　空中交通管理系统的主要特征

上述所讨论的空中交通管制系统,是从运行的角度划分的。实际上,空中交通管制系统的组成十分复杂,是一个典型人为驱动的复杂系统。它具有复杂系统的所有特征:

① 结构复杂性(组合和详细的复杂性)。整个空中交通管制系统包含了大量的相互嵌连的模块。这些模块之间的相互作用是非线性的,并且是不可以描述的。

② 行为复杂性(动力学复杂性)。系统内一小部分发生的变化对整个系统的影响是难以预测的。

③ 嵌入复杂性(多层次组织的复杂性)。复杂的物理和人为系统嵌入在整个系统中,这种不同层次之间的交互造成了嵌入式的复杂性。

④ 评估复杂性。在系统中,很难评估各个功能模块的性能。比如一些性能指标对于某些模块来说是合适的,但对于其他模块来说可能不合适。评估的复杂将会导致决策难以制定。

1.2　空中交通管制员的角色

在现代化的通信、导航和监视系统以及其他决策支持工具的辅助下,管制员通过向所管辖区域的航空器发送管制指令来指挥所有航空器高效运行(见图 1-5)。鉴于交通形势瞬息万变,管制员需要迅速做出决策来指挥交通。通常,他们会在头脑中生成一个交通画面,即情景意识。在高度紧张的情况下,管制员通常面临巨大的压力。对于空中交通管制,管制员有几个主要目标。其中,最重要的是保证扇区内所有航空器的运行都符合规定的安全间隔标准,防止航空器与其他航空器、恶劣天气、危

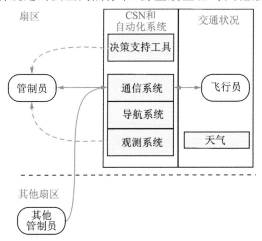

图 1-5　管制员在系统中的角色

险地形、特殊使用空域等发生碰撞或遭遇。在此前提下,管制员才会考虑如何保持扇区内交通流的有序性和高效性。

1.2.1　管制任务

管制员所需处理的任务大多是相互依赖的。Rodger等人对管制员需要执行的任务和管制员的管制目标进行了详细的分析。在此基础上,Histon和Hansman总结了7类主要的任务:间隔任务、监视任务、限制任务、需求任务、协调任务、信息任务、其他任务。

大多数的任务需要同时进行。例如,当管制员接受了其他管制扇区发布的限制任务时,就必须保证所移交到限制扇区的航空器满足移交间隔限制,同时还要监视航空器遵循管制员发出的管制指令。虽然自动化系统分担了管制员的一些任务负荷,但是管制员本身还是需要执行上述任务的。

1. 间隔任务

管制员的首要目标是保证航空器的运行安全。扇区内运行的间隔标准,是根据航空器的性能、扇区内的航路结构、地形特征、天气等因素综合制定而成的。为了计算碰撞风险,在扇区内飞行的航空器被视为一个移动的长方体,其纵向、横向和垂直方向上都要满足一定的间隔要求,防止航空器与其他航空器、障碍物、危险天气和飞行限制区发生碰撞或遭遇。

在雷达管制中,选用物理距离作为间隔标准。例如,在区域飞行中,航空器之间的水平距离应为5 n mile,垂直距离应为1 000 ft。在没有雷达监视或卫星监视的区域采用程序管制,将航空器之间的距离使用时间作为测量标准。在机场地面运行中,管制间隔标准也有所不同。航空器起飞的间隔由航空器的类型、离场所使用的标准离场程序等决定;而航空器滑行时一般由机长负责保持安全间隔。

2. 监视任务

飞行员必须执行管制员所发布的许可或指令。管制员有责任去监视飞行员对其所发指令的执行情况,以防止航空器的运行轨迹与管制员计划的轨迹相偏离。另外,通过监视扇区内的交通态势,管制员可以做好预案以应对随时可能发生的状况。

3. 限制任务

通常,当下游机场或扇区的容量急剧下降或趋于饱和时,需要实施流量管理方案。移交到此扇区的航空器需要满足额外的间隔要求。连续移交的航空器之间需要满足尾随距离间隔(Miles-in-Tail)的限制,或者尾随时间间隔(Minutes-in-Tail)的限制。执行限制任务会造成航班延误。一个扇区或多个扇区的容量限制,可以导致延误在整个航空运输系统中传播。

4. 需求任务

在空域条件允许的情况下,飞行员可能会要求飞行其所偏好的航路;如果在部分空域,实际天气与所预测的天气不一致,则飞行员通常会请求飞离其预定的航迹。例如,当航空器的燃油已经达到紧急油量时,飞行员将请求优先落地或者近路飞行。

5. 协调任务

假如不需要实施正式的流量管理方案,空域拥挤问题也能通过管制中心自行解决,那么管制员需要与其他扇区的管制员和飞行员进行协调来解决空域拥挤的问题。一些交通非常繁忙的扇区,会有一名管制员专门负责协调任务。协调任务通常发生在同一管制中心的不同扇区之间。

6. 信息任务

自动化系统和辅助决策系统为管制员提供重要的信息,这些信息的价值取决于系统所输入信息的精度。信息任务的一部分是指:在管制员修改航空器飞行路径的同时,系统也会将更改的信息同步到相应的辅助决策工具;信息任务的另一部分是向飞行员发布有关高度设定、天气状况和其他与运行相关的信息。在飞行数据自动化发布系统不能正常工作的情况下,相关的飞行数据将由管制员来发布。

7. 其他任务

根据空域的不同,还会有一些其他的任务,包括:

- 为航空器提供建议服务;
- 为无塔台机场的航空器提供从起飞到航路的所有指令许可;
- 处理突然出现的航空器;
- 保证其他管制员的工作不会超出负荷;
- 其他。

1.2.2　管制员作为一个管制黑盒

从系统的角度出发,管制员可以被看作是空中交通管制系统的主控部分。整个系统的运行过程如图 1-6 所示。管制员的输入信息包括空中交通状态信息和决策

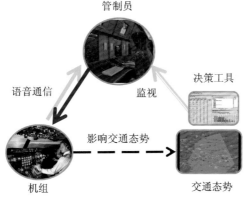

图 1-6　空管系统中空中交通管制员的系统视角

支持系统输出信息。根据这些信息,管制员评估当前交通态势,输出管制指令以改变航空器的飞行状态,从而进一步影响未来的交通态势。

1. 管制员的输入

管制员输入的信息主要来自三个方面:飞行员、监视系统和决策支持系统。

管制员通过观察雷达屏幕上航空器的位置、速度、高度等信息来进行空中交通管制。根据雷达类型的不同,雷达屏幕所显示的信息也不同。一次雷达通过计算雷达波的延时时间得到航空器距雷达的距离和角度。如果航空器配置应答机,则二次雷达可以计算出航空器的位置、高度和速度信息,并结合其他信息给出航班号。

管制席位上除去主用雷达屏幕外,通常还会有显示屏幕来显示由一次雷达或气象雷达得到的天气信息。

当航空器处于雷达覆盖区域以外的地区时,管制员获取的交通状态等有关信息主要来源于飞行员。根据飞行员的报告,管制员需要计算和预测航空器的位置。即使是在雷达覆盖的地区内,有时管制员仍然需要通过与飞行员交流来确认一些关键信息,例如飞行员的意图。这些信息有利于管制员预判未来的交通态势。

在当前的空管系统中,大多数管制中心在管制员的席位上还配置了一些决策辅助支持工具,用以减轻管制员的工作负荷。例如,自动化系统预测航迹以检测航空器之间是否有潜在的飞行冲突;进离场管理系统提供优化的进离场航空器队列。在繁忙的管制中心,这些决策辅助工具所提供的信息是必需的。

管制员需要处理的信息分为以下 5 类:

① 空域信息。该信息用于评估可用的管制空域资源,包括航路、飞行高度层、导航台和特殊使用空域等。

② 航空器位置和航空器性能数据。这类信息包括航空器的机型、位置、速度、目的地和飞行员意图等。凭借该信息,管制员可以预测航空器的未来位置,从而预判未来的交通态势。

③ 天气信息。当前天气信息和预测的天气信息对于管制员制定和执行管制策略非常重要,例如管制员会根据天气信息实施改航策略,引导航空器偏离原计划航路。

④ 建议信息,即决策辅助工具给出的信息。该信息可以对当前交通状况和未来交通状况进行大致描述,给出相应的建议。

⑤ 管制规定和其他限制规定。管制员所发出的管制指令,必须能够保证航空器在其管制区域内满足间隔标准和其他限制条件等约束。

信息①、③和⑤可以进一步划分为“环境信息”。在实际运行中,管制员建立了相应的知识库,包括“环境信息”和“管制策略”等。

2. 管制员的输出

管制员通过处理上述信息,输出管制指令和许可,以改变航空器的运行状态,进而实现空中交通管制的任务。这些指令或改变航空器的航向、高度、速度以及上升率/下降率等(如“国航 1307,航向 160”),或对航空器的运行加以限制,从而间接地改变其运行状态(如"国航 1307 在 5 分钟之内上到高度 7 800")。飞行员在改变航空器运行状态时,要向管制员提出申请,在得到允许之后,方可改变航空器的运行。

管制员其他的输出还包括执行一些信息任务,或者与其他管制员进行交流等。

1.2.3　语音通信

发送至飞行员的所有指令和许可都要借助通信系统。因此,空中交通管制系统能否安全运行,取决于管制员和飞行员之间通信的可靠性和精确性。即使是双方通信过程中产生的微小误解,都有可能造成航空事故。

自 20 世纪 30 年代初无线电通信在空中交通管制领域应用以来,语音通信就已成为管制员通信的首要方式。随着通信技术的迅猛发展,空中交通管理系统中通信系统的精确性、可靠性得到很大提高。一些新兴的通信方式也随之涌现,例如"管制员-飞行员"数据链路通信。然而,语音通信仍然是当今乃至日后"管制员-飞行员"通信最主要和可靠的方式。

在当前的空中交通管理系统中,每位管制员通过一个独一无二的通信频率来与其所管制扇区的航空器进行通信;而其同一机构内的其他管制员或者相邻管制单位的通信则通过内话系统。

为了确保航空安全,管制员与飞行员之间的语音通信必须做到清晰、无歧义。

1.　标准术语

为了最大化利用通信频率同时减小发生误解的概率,管制员与飞行员之间采用标准术语进行通信。管制员所发出的通信内容通常包括:

① 航空器呼号。提醒航空器准备接收即将发出的指令。

② 所发指令的管制单位。管制员首次呼叫航空器时,需要表明自己的身份。当与飞行员的通信建立之后,管制通话可不再需要表明身份。

③ 指令的内容。国际民用航空组织和当局共同决定指令内容的格式。

④ 指令终止。当与其他管制单位进行通信时,需要加入指令终止。

表 1-1 给出了管制员通信时所需要使用的标准通信术语项目。

表 1-1　以标准用语发音的项目列表

项　目	项　目
• 数字和字母	• 最低下降或决断高度
• 时间	• 无线电频率
• 高度表设置	• 跑道号
• 高度	• 微波着陆系统或 TACAN 通道(在美国)
• 飞行高度层	• 航路和导航台的描述
• 航向	• 管制单位
• 速度	• 风速和风向

2. 管制通信的内容

Carol Manning 等人根据通信事件的内容将管制通信划分为 7 组,分别是: address、courtesy、advisory、request、readback、instructional clearances、frequency changes。Nolan 所著的书中,详细描述了管制员经常使用的通信指令。以下总结了能够改变空中交通动态的标准通信指令。

(1) 管制许可

如果飞行员想要改变航空器的状态,那么飞行员需要向管制员提出申请;在得到许可之后,方可进行操作。管制员会发送一个指令来授权飞行员执行所申请的事项。管制许可通常以航空器的呼号开始,接着是"允许做什么"。例如,"国航 654 允许进入跑道起飞",表示管制员授权飞行员滑行进入跑道,执行起飞离场程序。

(2) 离场指令

当航空器从一个机场起飞时,管制员通常会使用标准离场程序或指定航向来发布离场指令。

(3) 高度分配

改变航空器的运行状态有多种方式,管制员必须明确告知飞行员航空器需要到达的飞行高度。

保持:是指管制员为航空器分配一个高度层或高度,当航空器达到这个高度时需要保持在这个高度层/高度上飞行。管制通信用语为"上升并保持"或"下降并保持"。

巡航:是指授权飞行员操纵航空器在指定高度和最小仪表飞行高度之间的任何高度上飞行时,管制员所使用的管制用语。该用语还可以用来授权飞行员执行目的地机场所公布的任何仪表进场程序进场。

以高度通过:是指管制员要求飞行员以指定的高度通过导航台。

(4) 报　告

管制员要求飞行员通报航空器所在的飞行状态,比如高度、速度、上升/下降率。有时,管制员要求飞行员通过某一定位点/交叉点、到达/离开某一高度时报告。

(5) 等待指令

因下游扇区或目的地机场的容量趋于饱和,管制员会通过发布等待程序来延迟航空器到达下游扇区或目的地机场的时间。一个等待指令要求飞行员以一个定位点或导航台为参照,执行一个修改过的跑马场程序。

1.2.4　通过语音通信的信息扩散

1.2.1 小节所列的任务大多是通过与航空器进行通信或在与航空器进行通信后才完成的。为了执行这些任务,管制员获取输入信息,对输入的信息进行处理、优化,然后执行。管制员对于这些任务的响应都与通信相关,并反映在管制员的工作负荷中。在逐渐涌现出的数据通信(Data Communication)之前,语音通信是管制员和飞行员交换信息的唯一途径。最近的研究表明,管制员倾向于使用数据通信,而飞行员更倾向于使用语音通信。因此,在未来的几十年内,语音通信依然是"管制员-飞行员"通信的主要方式。虽然影响管制员行为进而影响系统运行的因素有多种,但从系统的角度来看,只有管制员的语音通信行为影响空管系统的运行。人类行为的定义为:综合内部过程和外部行为、动机,有意识地去实现某一目的。因此,可以认为管制员的通信行为是其内部认知行为和外部肢体行为共同作用的结果,从而保障空中交通安全、高效地运行。

　　管制员的通信行为是指管制员按住"Push-To-Talk(PTT)"键直至其完全发出管制指令后松开 PTT 键的这一过程。每一条管制指令都应包含指令所发送的对象,即航班号。只有在极少数情况下,一条指令会包含两个航空器(以"break"来区分指令所针对的不同的航空器)。因此,管制员的通信行为可以认为是以语音通信为形式的信息扩散过程。

　　管制员与空管系统的其他部分相互联系,是系统不可分割的一个重要部分。管制员在保证系统安全和高效运行的过程中起着至关重要的作用。在进近和航路扇区中,管制员指挥着大量的从不同方向、不同高度,以不同速度和航向、飞向不同目的地的航空器。在空管系统中,管制员的行为受到两个重要因素的影响。一个是安全。为了防止出现事故征候或发生航空事故,管制员必须避免高强度的工作负荷和疲劳。另一个是容量限制。受认知能力的影响,当管制员不能保证扇区交通安全时,扇区的资源将不能满足交通需求,此时会对外发布交通限制。长久以来,研究人员一直专注于探讨如何评估和预测管制员的能力。

1.3　管制员行为研究综述

　　本书将管制员看作是空中交通系统中的一个自适应单元。研究管制员的动力学行为是非常有意义的。为了系统认知管制员的行为,本章将按照图 1-7 所示将有关管制员行为研究的工作划分为:任务需求、内部行为和外部行为。需要指出的是,每一部分的研究工作并不是独立的,而是相互联系并与工作负荷相关的。

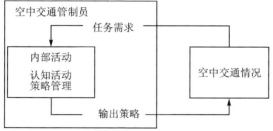

图 1-7　空中交通管制员活动的三个主要方面:
任务需求、内部活动和输出策略

1.3.1 任务需求:空域行为

任务需求作为驱动管制员行为的主要因素已有长久的历史。工作负荷和任务需求之间的关系被广泛地研究。现有研究表明,影响管制员工作负荷的任务需求主要集中在三个方面:交通因素、空域因素和运行限制。实际上,单独站在其中任何一个层面来研究管制员的行为都不合适,因为任务需求来源于空中交通、空域和运行规则三者之间的交互。这里的交互行为被定义为空域行为,即描述航空器、天气和其他物体在扇区中的运动行为。

研究初期,工作负荷相关的影响因素主要是可观测到的因素。这些因素包括:交通密度、进场交通流/离场交通流/飞跃交通流的分布、机场的数量、管制航空器的数量、交通量的峰值、通信所花费的时间、改变航路的数量、移交航空器的数量等。

随着交通流的增长,仅仅依靠可观测的因素已不能够完整地刻画管制员的工作负荷特征。学术界和工程界都一致认为,研究交通因素之间的相互关系对度量和预测工作负荷十分重要。大量学者通过分析交通复杂性与减小扇区容量来研究工作负荷。从交通数据中提取出指标,如动态密度,用以测量和预测工作负荷。动态密度尝试以交通量和交通复杂性作为输入来评价与管制相关的工作负荷。但是,研究发现,动态密度的性能严重依赖于时间窗口的选取。Masalonis 等人研究验证了用于战术流量管理的动态密度。他们研究了 4 类动态密度因素,提炼出 41 类交通复杂性因素。通过提炼得到一个包含 12 个交通复杂性因素的动态密度模型。

此后,学者们提出了不同的方法和指标来评价扇区的复杂性。Lee 等人引入了"复杂性图谱",用来描述给定交通态势下的复杂性。他们详细研究了管制员为应对运行环境改变所作出的管制反应。从"复杂性图谱"中可以得到用以评价交通复杂性的离散值。Delahaye 等人提出了基于非线性动力学系统建模的方法来计算交通复杂性。Chatterji 等人探讨了复杂性方程的缺点:一是不同复杂性因素之间存在着非线性的关系;二是当分析交通几何对管制过程的影响时,没有考虑管制员的认知因素。

研究扇区行为和管制员行为之间的关系是非常困难的,并且存在着种种缺陷。直到现在,还没有一个被广泛接受的复杂性指标。随着新的自动化系统的建设,任务需求亦将随之改变。例如,为了研究在数据通信环境下管制员的工作负荷和空中交通复杂性之间的关系,需要将复杂性因素和工作负荷指标联系起来以建立复杂性和管制员主观负荷的关系。研究任务需求不能预测管制员行为的原因在于,其缺少对管制员如何制定并采取管制措施的决策。

1.3.2 内部行为:策略管理

通常认为,微观层面上的工作负荷是影响管制员工作效能的一个主要因素。自20 世纪 70 年代以来,学者们开展了大量的工作负荷评估与预测研究。早期的工作主要是基于排队论理论来研究管制员的日常工作。Schmidt 等人假定人类的信息处理行为模式是单通道的,提出基于排队论的模型,来量化并预测影响管制员工作效能的工作负荷因素。Grawron 指出,管制员的工作负荷并不能仅仅通过观察来评估,为准确计算工作负荷还需要借助数据挖掘技术。当前流行的用以评估工作负荷的主要方法是基于管制员的主观评价。当管制员正在指挥交通或刚刚指挥完时,需要评估管制员自身所经历的负荷值。但在线评估将会打扰管制员的认知行为并影响其指挥交通;而在工作之后所得到的工作负荷,将不能刻画工作负荷的重要特征,即工作负荷是管制员与复杂的交通态势相互交互涌现的结果。

从交通和空域特征得出的任务需求,能够刻画出工作负荷来源的大致情形。研究管制员如何通过制定决策来减少这些因素的影响是模拟和预测工作负荷的关键。如文献所述,为了能够准确地评估工作负荷,必须将工作负荷的动态性和管制员的策略管理结合起来研究。通过对管制员认知行为分析研究发现,管制员需要执行许多任务。其中,三项任务级别较高:保持情景意识、冲突探测和冲突解脱。这些认知工作是与工作负荷相关的,会影响管制员的工作效能。为了管理交通,管制员需要对当前的交通态势保持一个动态图像,称为情景意识。这些认知工作之间的策略转变是少有被探索研究的。必须指出的是,基于认知科学的研究发现了雷达管制员用来减轻认知复杂性、简化工作负荷模型的机制。Histon 和 Hansman 指出,认知的潜在结构会作为管制员认知抽象的基本形式,用以简化管制员的工作负荷模型。标准流、重要点、群组和责任移交是管制员 4 个主要使用的基于结构的抽象方法。减轻认知负荷的最有效途径是降低"维度"。Histon 等人在进行"人-机-环"的实验中,通过设置不同交通量的实验剧本,得到管制员运行方式的转变。这项研究表明,为了应对交通态势的变化,管制员会改变他们内部基于结构的策略管理方式。

最后一组研究工作负荷的方法是通过记录管制员指挥过程中所涉及的相关生理、心理指标来实现的。例如,关于眼动的研究结果表明,眼动行为的变化与认知需求有关。Ahlstrom 和 Friedman-Berg 测量了管制员的眼动行为,包括眨眼频率、平均瞳孔直径等。他们发现,眼球的行为可以作为评估管制员工作负荷的一个指标。这些指标的统计分析确实能够刻画管制员工作负荷的波动。但是,两个主要因素导致这个方法不适合用于预测工作负荷或管制员的可用资源:一是记录这些生理指标的难度大,二是这些指标取决于空域结构、交通态势和管制员的经验等。

Loft 等人对模拟和预测航路管制员的工作负荷进行了综述。他们认为,任务需求和工作负荷之间的关系主要由管制员管理其自身资源的方式决定。在前人研究的基础上,他们进一步提出了一个统一任务需求和管制员能力的模型。最近的一项研究报告表明,空间情景可以帮助管制员降低前瞻记忆错误,减少因应对当前工作而产生的资源消耗;换言之,有效地使用合适的决策支持工具可以帮助管制员提高管制服务的水平。

图 1-8 所示为模拟空中交通管制员的心理负荷。

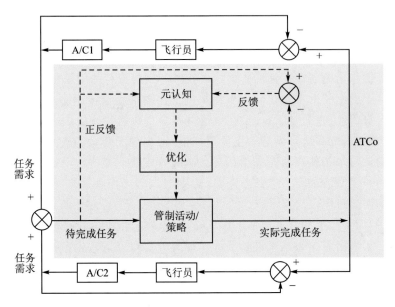

图 1-8　模拟空中交通管制员的心理负荷

1.3.3　外部行为:语音通信和性能表现

在数据通信诞生以前,语音通信是管制员和飞行员交换信息的唯一方式。即使是现在,语音通信仍然是地-空通信的主要方式。对管制员通信行为的研究由来已久。在过去,管制员的通信事件被广泛研究用来评估工作负荷。研究发现,通信时间、通信时间间隔是评估工作负荷的主要指标。"管制员-飞行员"之间通信事件的多少与交通量和交通复杂性密切相关。Porterfield 研究了管制员通信时间间隔和管制员主观负荷之间的关系,发现其关联系数为 0.88,显著值小于 0.01。Rantanen 等人研究了管制员通信时声音的延迟与飞行员延迟对管制员工作表现的影响。Manning等人研究了通信时间、主观工作负荷和客观任务负荷的直接相互关系。用于描述通信事件的指标有通信事件的次数、用于通信的总体时间、评价每次通信的时间和通信的内容。其中一些指标与工作负荷强度相关,但是对语音通信的分析并没有考量到这一点。

一些学者站在另一个角度来研究管制员的通信行为。Hunter 等人给出了详细的"管制员-飞行员"通信的统计分析。基于 1969 年 4 月 30 日纽约管制中心 2 个高峰小时的"管制员-飞行员"语音通信,学者们仔细分析后,建立了一个仿真模型来模拟"通用扇区(与单独扇区对比)"的功能。其中,根据管制程序和地-空通信的实际,管制员发送一条指令来指挥航空器改变飞行状态以避免交通冲突所需时间可以分为3 部分:① 管制员指令的长度;② 飞行员开始通话时间与管制员所示指令结束时间之间的间隔;③ 飞行员通话的时间。Popsecu 等人研究了无线电通信信道的利用率,通过分析航路管制中心 46 小时的语音通信数据发现,成功发送一条指令平均需要 11 秒。MITRE 开发了一个空管的地-空通信模型,并将该模型加入到了一个快速仿真模型中。

1.3.4　局限性

虽然有关工作负荷和其他人为因素的研究进展迅速,但是直到现在,对管制员行为的量化和预测问题仍未得到良好的解决。深入研究管制员行为的一个主要障碍在于,缺乏对管制员行为动力学和空域行为动力学之间关系的认知。经典的研究方法通常注重一个特定的问题,如研究某一扇区内管制员的工作负荷,很少有研讨管制员行为的内部动力学过程。

1.4　本章小结

管制员处于系统环境中,其本身与系统密不可分。他们的行为可能会依赖于扇区特殊的结构、动态变化的交通以及独自的知识和经历。从系统的角度来看,人类作为一个复杂系统,通过自适应性来改变需求以应对环境的变化,从而避免失败并以最小的消耗来取得最可靠的性能。相比于工作负荷,人们在宏观层面上对管制员行为的自适应性知之甚少。

第 2 章　眼动行为研究相关基础

2.1　引　言

20 世纪 60 年代以来,摄像技术、红外技术、微电子技术和计算机技术等的不断进步,推动了高精度眼动仪的快速发展,使得精确记录眼动行为数据成为可能。基于眼动行为的相关研究被广泛应用于心理学领域和工程设计等领域。与其他研究方法相比较,眼动分析方法具有很多优点,包括记录数据比较自然、对被试的干扰小等。本章侧重眼动行为研究的基础介绍,为研究不同流量状态下不同级别管制员的眼动行为以及不同程序场景下管制员的眼动行为和工作负荷夯实基础。

2.2　眼动行为基本类型

人的眼动有 4 种基本类型,即注视、扫视、追随运动和眨眼。扫视是一种将中央窝视野从一点移到另一点的快速眼动行为;注视则是将中央凹视野在目标上保持一定的时长以获得足够的视觉图像细节。人类对物体和场景的感知是通过连续的注视以及扫视来完成的。由于扫视发生时眼球的移动速度极快,所以这期间几乎不会获得任何有效的视觉信息,多数的视觉信息是通过注视获取的。4 种眼动类型中,注视、扫视和追随运动均属于眼球运动。

注视行为是目前研究最多的眼动行为模式。因为注视行为能直接反映人对哪些地方感兴趣。实际上,当注视某一物体时,通常会伴有 3 种眼球运动:漂移、震颤、微扫视。

Dodge 在 1907 年发现了漂移运动,这是一种不规则的视轴运动。Dodge 认为,没有固定不变的注视点,与其称为注视点不如称为注视区。在漂移运动过程中,注视点的成像一直在中央凹上,这种运动并不影响注视行为;Adler 和 Fliegelman 最早研究震颤运动,发现震颤运动的振幅很低,频率很高;Dodge 发现了微扫视运动,它是当注视静止物体上某一点的时间超过 0.3～0.5 s 时或者视网膜上的成像由于漂移远离中央凹时出现的运动,这种运动可以改变视网膜上被刺激的部位,避免视网膜的适应,提高视觉能力;换言之,微扫视可以起到校正作用。但亦有研究表明,微扫视运动在短时间内会影响视力:视力越差,漂移的幅度越大,震颤越大。

扫视是发生在两次注视之间的一种眼跳动,最早由 Javal 发现。Yarbus 研究发现,扫视是从一个注视点直接跳到另一个注视点,而不是注视点之间的匀速平滑运动,在这一过程中,视网膜成像是模糊的。扫视也是近年来人类视觉特性研究的一个重点,因为扫视反映了人的视觉搜索策略。Bahill 研究发现,在进行扫视之前,需要时间去计划和实施它,这个时间被定义为扫视潜伏期。有研究表明,扫视潜伏期至少需要 150～175 ms。

眨眼被认为是一种半自动式的眼睑闭合与打开行为,它包括保护性眨眼和不自主性眨眼两种。每次眨眼,眼睑都会阻断眼睛与光源之间的联系,导致观察者所注视的信息丢失。

2.3　眼动行为表征参数

2.3.1　注视行为参数

注视行为的表征参数主要包括注视点数量、注视持续时间和兴趣区(Area of Interest,AOI)。

注视点数量是指整个实验阶段以内的总注视个数。一般认为,注视点数量与搜索效率呈负相关性。被试搜索目标时有更多的注视点,说明被试搜索目标的效率低下,使用的视觉搜索策略不正确,也表明被试在实验操作过程中不能够合理地安排目标。

注视持续时间是指被试观察目标的停留时间,即被试观察目标时提取有用信息所花费的时间。它能够反映被试处理信息的难易程度,也能够度量注视区域的信息内容和处理信息所使用的策略方法。注视时间越长,说明处理的信息难度越大;反之,则表示需要提取的信息难度不大。但是对于被试来说,注视时间长的目标并不一定比所需注视时间短的目标更有意义。

兴趣区域是一个能吸引注意力、聚集许多注视点的特定区域。兴趣区域内的注视点个数一方面反映该兴趣区域的重要性,越重要的兴趣区域则有越多频次的注视;另一方面反映信息提取的难度,越难提取的信息则有越多的注视。

2.3.2　扫视行为参数

扫视行为标准参数主要包括扫视持续时间、扫视幅度和扫视速度。

扫视持续时间是指上一次注视结束到下一次注视开始的持续时间,反映了被试搜索目标需要的时间。扫视持续时间越短,说明被试搜索目标所需的时间越短,搜索效率越高;扫视持续时间越长,说明被试搜索目标花费的时间越长,搜索效率越低。

扫视幅度是指注意力从一个注视点移动到下一个注视点所跳跃的范围,一般用视角的角度或者弧度表示。扫视幅度可以用来度量前一次注视所获取信息的深度,如果前一次注视可以获得很多有用的信息,则移动到下一个注视点就会跳跃很大的距离。有时扫视幅度可以用增益表示,增益是实际扫视幅度与所需扫视幅度的比值。

增益小于 1,代表扫视是小范围扫视;增益大于 1,代表扫视是大范围扫视。

扫视速度是指扫视幅度与扫视持续时间的比值,其计量单位是 m/s 或者(°)/s。它表明被试搜索动态信息的快慢程度。

2.3.3　眨眼行为参数

眨眼行为的表征参数包括眨眼频率和眨眼持续时间。

眨眼频率是指单位时间眨眼的次数。一般来说,眨眼频率的高低可以反映被试疲劳的程度。一些研究表明,随着任务时间的增加,眨眼频率增加。对于阅读和观看电影时的眼动研究发现,被试首先观察一个目标获取足够的信息,然后通过眨眼的方式将注视点转移到下一个兴趣区域,即被试在实验过程中是通过眨眼转移兴趣区域的,眨眼频率可以显示出被试在兴趣区域之间转移的速度,也能说明兴趣点的数量,同时表明所需处理信息量的多少。

眨眼持续时间是指每次眨眼时,眼睛一次完全睁开到下一次完全睁开所经历的时间。正常的眨眼持续时间是 0.2～0.4 s。国内外大量研究表明,被试疲劳工作时,眨眼持续时间延长,使得被试不能及时获取外界的信息,导致不能及时作出反应。

2.4　眼动数据区分算法

大多高清眼动仪所记录的原始数据包括连续的眼球位置、头部位置等信息,需要开发相关算法从原始数据提取眼动行为信息。本章采用的眼动行为区分算法综合考虑了眼动行为的空间标准和时间标准,该算法设置 3 个参数,其中包括 2 个空间标准参数(划分临界距离 d_1、聚簇临界距离 d_2)和 1 个时间标准参数(注视最小持续时间 mt)。

依据采集得到的管制员眼动行为数据格式,可将眼动原始数据调整为三元组 $\langle x,y,\text{time}\rangle$ 时间序列,其中 x 为视线与屏幕交点的横坐标,y 为视线与屏幕交点的纵坐标,time 为产生该条记录的时间,并将三元组时间序列作为区分算法的原始输入数据。算法的核心思想是从原始数据中寻找各个注视行为的注视中心以及注视持续时间,从而区分眼动行为。此算法的具体步骤如下:

步骤 1:设置原始输入数据的第一个点的 (x,y) 坐标为均值坐标 $(\bar{x},\bar{y})$。

步骤 2:计算后续数据点坐标与均值坐标的欧式距离 dis:

$$\text{dis} = \sqrt{(\bar{x}-x)^2 + (\bar{y}-y)^2}$$

若 $\text{dis} < d_1$,则将该点加入当前注视组,并重新计算均值坐标:

$$\bar{x} = \frac{\sum_{i=1}^{n} x_i}{n}$$

$$\bar{y} = \frac{\sum_{i=1}^{n} y_i}{n}$$

其中 (x_i, y_i) 为当前注视组中第 i 个点坐标，n 为当前注视组中的点个数。

步骤 3：重复步骤 2，直至 dis $> d_1$，则一个注视组生成完成，记录当前均值坐标。将当前点设置为新的注视组的起点，并将该点坐标设置为新的均值坐标。

步骤 4：重复步骤 2、3，直至时间序列遍历完成，产生初步区分结果。

步骤 5：依据步骤 4 产生的区分结果，计算每一个注视组中各点与该组均值坐标之间的欧式距离。若某点与均值坐标的距离大于 d_2，则该点不参与该点所在组的中心坐标计算。依据筛选结果，用四元组 $\langle x_c, y_c, \mathrm{st}_f, \mathrm{duration}_f \rangle$ 代表每个注视组，其中 x_c, y_c 为注视组的注视中心，st_f 为注视开始时间，$\mathrm{duration}_f$ 为注视持续时间。

步骤 6：若注视组的 $\mathrm{duration}_f <$ mt，则该组不作为注视组。

步骤 7：依据注视组的区分结果，每两个注视组之间的数据点归为一个扫视组，用三元组 $\langle \mathrm{velocity}, \mathrm{st}_s, \mathrm{duration}_s \rangle$ 代表每个扫视组，其中 velocity 为扫视速度，st_s 为扫视开始时间，$\mathrm{duration}_s$ 为扫视持续时间。

经过多次实验，为保证算法的强健性，设置参数如下：d_1 为 0.03 m；d_2 可以通过比较注视组中点的坐标标准差 (s_x, s_y) 确定，其中 s_x 为注视组中所有点的 x 值标准差，s_y 为注视组中所有点的 y 值标准差，则 $d_2 = 3 * (s\_x + s\_y)^{1/2}$；由于 facelab5.0 眼动仪的采样间隔为 16.7 ms，因此设置 mt 为 33.4 ms。

图 2-1 为注视识别算法图。

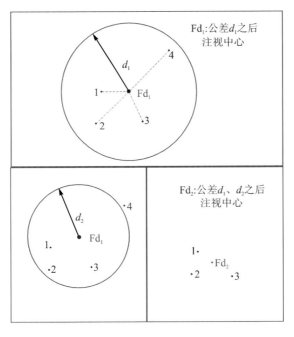

图 2-1　注视识别算法图

2.5　航空运输领域眼动行为相关研究

有关眼动行为的研究最早出现在心理学领域。随着科学技术的进步以及人们对人为因素研究的重视,越来越多的学者开始关注航空运输领域中飞行员和管制员的眼动行为,并且在飞行员眼动行为的研究方面取得了重要的研究成果。以下主要从飞行领域和空管领域两个方面对相关研究进行综述。

2.5.1　飞行领域中眼动行为的研究

国外对飞行员眼动行为的研究始于 20 世纪 40 年代末,至今已取得大量优秀的研究成果。这些研究工作主要可分为三类。

第一类研究工作主要集中在驾驶舱仪表布局对飞行的影响方面。Fitts 和 Milton 研究了飞行员在飞机着陆的过程中的眼动行为。他们发现在仪表着陆系统中,飞行员会花费 2/3 的时间注视着陆下滑指示仪和方向仪,并且在这两个仪表之间的眼动频率最频繁。由于这两个仪表之间的距离较远,所以在仪表着陆系统中,这两种仪表的排放有待改进。而在地面控制进场着陆系统中,飞行员主要注视方向仪,着陆下滑指示仪显得不那么重要,仪表之间的安排方式是合理的。Williams 通过研究飞行员在目视进近和仪表进近的飞行过程中不同仪表对飞行员飞行绩效产生的影响,发现了驾驶舱内部分仪表的重要性。

第二类研究工作则侧重于不同飞行经验下飞行员的眼动行为特征。Karsarkis 对具有不同经验的飞行员在飞行模拟器上进行模拟降落过程的眼动行为进行了研究。研究结果表明,相比于新手,专家注视空速表比注视高度表的时间长,并且注视窗外的次数更多,注视窗外可能是看向跑道上更远的点,但专家在仪表和跑道上的注视停留时间较短。这些扫视方法能够说明专家比新手有更好的着陆操作绩效。Ottati 等人研究发现,专家发现并注视到独特的标志所用时间较短,他们会充分利用标志进行精确的导航;与之相比,新手很难发现标志,且需要更长的停留时间观看标志。这一发现表明熟练的飞行员在注视上更加慎重。新手在飞行任务中更容易自发地注视以便于他们获得精确的位置。Sajay 等人设置了模拟飞行试验,首先让专家观看驾驶舱内的物品,并记录专家的扫描模式和扫描路径,然后以专家的眼动数据作为模板训练新手。实验结果表明,经过训练的新手搜索绩效高,而没有经过训练的新手搜索绩效没有什么变化。

第三类研究工作侧重于飞行员眼动行为和工作负荷之间的关系。研究发现 60%～90% 的飞行事故是由于飞行员高负荷引起的。因此,为了提高飞行员的驾驶能力和保持飞行安全,如何更好地测试和评估飞行员的工作负荷就显得至关重要。Itoh 要求飞行员在正常和不正常两种情景下飞行,并记录两种场景下飞行员的眼动数据和心理负荷相关数据。Veltman 研究发现,随着飞行员执行任务难度的增加,需要处理的信息就会增多,工作负荷也会增加,从而导致飞行员连续两次眨眼之间的时间增加,平均眨眼持续时间减小。

国内近几年才开展有关飞行员眼动行为的研究工作。康卫勇对眨眼频率、眨眼时间和瞳孔直径 3 个眼动指标进行统计分析,进而对脑力负荷进行综合评价,确定了最佳的座舱设计方案。张磊基于眼动数据对人机显示界面文字和位置编码及颜色匹配性进行了研究,为驾驶舱界面的优化设计提供依据。2006 年,柳忠起和袁修干等人在降落、平飞和爬升 3 个模拟任务中,通过比较外景和座舱的注意力分配策略和扫视模式,发现外景下飞行员存在更多的注视点比率和注视时间比率,也有更长的平均注视时间。2009 年,柳忠起和袁修干等人通过对比专家和新手在着陆过程中的眼动模式和飞行绩效,发现专家有更短的注视时间、更多的注视点、更快的扫视速度。牛四方等人发现,飞行员在爬升和翻转任务中,在外景、地平仪、高度表、速度表和综合电子屏 5 个区域具有不同的注意力分配策略。孙瑞山等人在飞行模拟器环境下记录了被试的视觉注视数据,并应用马尔可夫链的数学方法分析了被试在各个视觉区域内的注意状态转移概率。

2.5.2　空管领域中眼动行为的研究

空管领域中的眼动行为研究主要集中在管制员认知负荷方面和航空器冲突探测方面。在管制员认知负荷方面,Ahlstrom 等人研究了眼动行为和管制员认知负荷的相关性,发现管制员不使用气象软件指挥航班时眨眼持续时间变短,表明在这种条件下管制员会有一个更高的心理负荷;相比于使用动态风暴预测工具,管制员使用静态风暴预测工具会有更大的平均瞳孔直径,说明使用静态风暴预测工具时有更高的心理负荷。Muller 等人的研究表明,瞳孔波动和认知负荷之间存在一定的关系,在被试进入高认知负荷之前,瞳孔动乱值会变得比较高;但是进入高认知负荷之后,瞳孔动乱值就不能很好地表征认知负荷了。Tokuda 的研究描述了眼跳入侵和认知负荷之间的关系。结果表明,人的认知需求可以通过眼跳入侵进行精确的评估,相关系数是 0.84。靳慧斌和洪远等人通过建立回归模型来评价管制员的工作负荷,该模型以语音指标和眼动指标为自变量,主观负荷值(通过 NASA – TLX 量表得到)为因变量,是测量管制员工作负荷的有效方法。通过采集不同经验管制员管制不同场景的眼动数据,研究注视、扫视和瞳孔三类眼动指标的差异发现,管制员所使用的信息搜索方法有所不同。

在航空器冲突探测方面,Kang 和 Bass 等人使用问卷调查的方法研究管制员在管制指挥时所使用的视觉搜索方法和冲突探测策略。最后结论可以概括为:将管制员视觉扫视方法分为 6 类:圆形扫视、线性扫视、不断扩张的扫视、基于区域扫视、基于密度扫视、基于距离扫视;将管制员选择航空器指挥的方法分为 3 种情况:选择具有同一高度的航空器,选择在同一高度逐渐汇聚的航空器,选择在同一高度逐渐靠近的航空器;将对比冲突航班对的方法分为以下几类:对比高度、对比速度、对比速度和角度、对比同方向的航班对。Marchitto 和 Benedetto 等人发现在冲突探测任务中，管制场景的复杂性对管制员认知负荷有显著影响。在指挥冲突的场景时，管制员需要更多的注视和扫视。Kang 和 Landry 探究了不同管制级别管制员在执行不同难易程度场景下航班冲突探测的任务时，寻找冲突航班对的准确度。通过使用层次聚类方法对管制员产生的眼球运动序列进行层次聚类，并将聚类的结果定义为视觉分组。研究发现，管制级别高的管制员在简单和难的场景中都能准确地扫视出存在潜在冲突的航班，即能较为正确地识别潜在冲突的航班对；而管制级别低的管制员在难的场景中不能正确地识别这些航班对。

在管制员管制绩效方面，McClung 和 Kang 定义并开发了一种新概念，把管制员复杂的视觉扫描路径系统地过滤成更简单且更易于管理的形式，并提出了一种视觉扫描路径和语音输入映射的程序。其结果为分析管制员的复杂扫视路径提供了理论基础。Kang 和 Landry 通过对比观看过专家扫视路径和没有观看过专家扫视路径的新手管制员的绩效，发现观看过专家扫视路径的新手管制员能更快地说出存在冲突的航班，并且其假报告的数量较少。这表明扫视路径训练能够提高新手的绩效。Meeuwen 等人对专家和新手管制员观看空中交通管制场景图片、安排航班进场排序进行了研究，通过比较分析管制员的视觉问题解决策略、相似性比较和绩效评估，为在复杂视觉领域中解决问题而采用何种视觉策略提供了理论基础。Stasi 等人研究了管制员的任务时间、任务难度与扫视、微扫视和漂移之间的关系，研究发现，眼动指标与管制任务难度没有关系；扫视和微扫视峰值速度随着任务时间的推进而减小，漂移速度随着任务时间的推进而增大。Wang 等人研究了工作经验对管制员注视和扫视行为的影响，探索了管制员注视持续时间序列的多重分形特性，为理解执行复杂任务时的信息搜索机制提供了研究基础。Imants 和 Greef 通过比较管制员执行监视、计划和控制三个任务时的扫视幅度、平均注视时间和外围面积这三个眼动指标，发现管制员执行不同任务时会使用不同的扫视模式和搜索策略。

2.5.3　研究现状评述

综上所述，眼动行为作为研究信息搜索策略和工作负荷的一种手段，在民航领域已逐步开展。当前的研究工作大多集中在飞行员和管制员眼动行为的差异上，缺乏深层次理论方面的研究。例如，尚未建立管制员视觉搜索策略和视觉扫视策略的模型。有关管制员眼动行为研究的工作主要存在以下不足：

① 眼动实验对象多是在校学生。被试具有相关理论知识，但缺乏实际管制经验。虽然实验对象在实验之前会经过短时训练，但是训练之后的管制能力与实际管制员的能力差距较大。

② 该研究主要集中在管制员认知负荷与眼动行为的关系上，研究中管制员的认知负荷主要根据主观认知进行量表填写，缺乏客观性。因此，所得结论的准确性需进一步考证。

③ 实验过程大多是让被试观看静止图片,这与真实的管制场景存在明显区别。静止图片缺乏动态性,更不能反映出管制员在实际管制时所面临的压力。

2.6　本章小结

本章首先对眼动行为的注视、扫视、追随运动和眨眼 4 种基本类型做了基本阐述。然后,介绍了其中 3 种眼动类型的表征参数:注视行为参数,包括注视点数量、注视持续时间和兴趣区域;扫视行为参数,包括扫视持续时间、扫视幅度和扫视速度;眨眼行为参数,包括眨眼频率和眨眼持续时间,并给出了区分眼动行为的算法。最后总结了航空运输领域眼动行为的相关研究。

第 3 章　管制专家与新手眼动行为对比

3.1　引　言

　　管制员是指经受过专业训练,致力于维持空中交通安全、有序和快速流动的人员。在管制工作中,有经验的管制员具备快速的反应能力,能够在第一时间根据航班空间位置报告以及雷达标牌做出正确鉴别,经过合理的预测,及时做出管制预案。在这一系列管制过程中,管制员主要通过眼动行为获取所需的各种信息。具有不同管制经验的管制员在获取信息方面可能存在差异。通过对他们眼动行为的研究,比较不同经验下管制员在管制指挥中所使用的视觉搜索策略和视觉扫视策略,进而探讨其注意力分配机制,可为培养和训练管制学员提供参考,为航空交通安全提供保障。

　　本章将分析不同级别管制员在不同流量场景下的眼动特征和规律,研究管制员的注视行为、扫视行为和眨眼行为特征,探索管制员在管制过程中所使用的视觉搜索策略和视觉扫视策略。

3.2　实验设计

　　根据实验目的和要求,设计正常流量和大流量两种运行场景的仿真实验,选取不同管制等级的在职管制员参与模拟仿真,利用 faceLAB 5.0 系统采集眼动数据,采用第 2 章所述的注视识别算法提取其眼动指标,计算相应的眼动行为表征参数。

1. 实验场景

　　本次仿真实验所用的空域场景为武汉进近管制扇区。其扇区水平边界范围为:安陆—河口—乘马岗—浠水—咸宁—龙口—老沔阳城—天门—安陆;垂直范围为标准大气高度 5 100 m(含)以下除去塔台管制区以外的区域。

　　武汉进近管制扇区主要负责完成航班在航路空域和机场空域之间的飞行转换。空域结构如图 3-1 所示。

　　为了研究不同场景下管制员的眼动行为差异,本实验设置了两种流量级别的管制场景。依据《中国民用航空空中交通管理规则》第 8 章第 200 条的规定,每名进近管制员最多同时为 8 架航班提供雷达服务。因此,实验场景划分如表 3-1 所列。

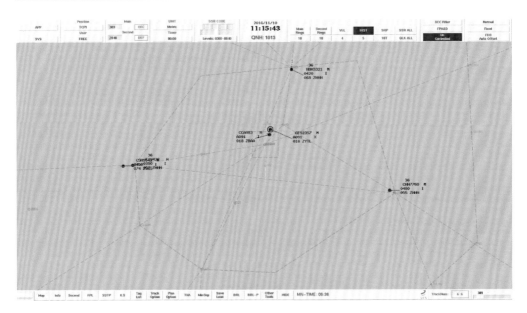

图 3 - 1　武汉进近管制扇区示意图

表 3 - 1　实验场景分组

航班数量/架次	流量级别	特情等级
8～9	正常流量	无特情
11～12	大流量	大流量特情

2. 实验对象

本次仿真实验共选取 15 名来自某地区空中交通管理局的在职管制员作为实验对象,管制员的基本信息如表 3 - 2 所列。被试管制员年龄为 23～33 岁,管制工作年限为 3～12 年。依据管制经验将 15 名管制员分为专家管制员和新手管制员两个组别,其中专家管制员包括 2 名二级管制员、1 名三级管制员和 3 名四级管制员;新手管制员包括 9 名五级管制员。

所有管制员均为自愿参与此次仿真实验。实验开始之前参与者没有进行剧烈活动,情绪稳定。

表 3 - 2　管制员的基本信息

管制员编号	年龄/岁	工作年限/年	级　别
1	29	6	四级
2	28	5	四级
3	26	4	五级
4	29	6	四级

管制员编号	年龄/岁	工作年限/年	级　别
5	24	3	五级
6	33	12	二级
7	23	2	五级
8	27	3	五级
9	28	3	五级
10	26	3	五级
11	33	12	二级
12	26	4	五级
13	28	5	五级
14	30	8	三级
15	26	3	五级

3. 实验设备

本次仿真实验使用雷达管制模拟机,其能够高度逼真地模拟真实的运行场景;使用 Seeing Machines 公司生产的 faceLAB 5.0 对管制员进行眼动数据采集。faceLAB 5.0 眼动仪和仿真实验平台如图 3 - 2 所示。

图 3 - 2　faceLAB 5.0 眼动仪和仿真实验平台

faceLAB 5.0 是一套用于分析头部、面部特征及疲劳的工具,基于近红外光反射原理,利用瞳孔及虹膜追踪方法,对捕捉到的被试图像的面部特征进行分析。该设备简单易用且属于完全非介入式,被试无需配戴任何会约束行为的设备或线缆,并且在实验过程中可以自由活动甚至离开实验现场。faceLAB 5.0 已经被应用于心理学、产品设计和交通等领域。

① faceLAB 5.0 的特性如下：

● 高速高精度；

● 被试无需配戴头盔，可以配戴眼镜进行测试；

● 网络实时数据采集记录；

● 台式机或笔记本电脑系统。

② faceLAB 5.0 技术性能如下：

● 采样频率：60 Hz；

● 注视方向的测量精度：转动误差在 $0.5°\sim$
1°范围内；

● 瞳孔尺寸分辨率：直径的 0.1%；

● 实时追踪眼动位置延时：3 ms。

4. 实验步骤

图 3-3 为本次实验的流程图。

本实验的主要目的在于分析不同管制级别管制员在不同场景下眼动行为的差异，因此需要大量采集管制员的眼动数据。实验设计与处理步骤是准确、客观地获取数据的关键，根据人为因素相关实验经验，拟定本实验的步骤如下：

第 1 步：实验开始之前，操作人员向被试讲解在管制指挥过程中使用眼动仪所需要注意的事项。

第 2 步：安装眼动仪。对被试进行建模，获取被试的眼部特征。

第 3 步：设置实验场景参数。实验开始，启动眼动仪对被试眼动数据进行记录，实验持续时间为 $15\sim25$ min。

第 4 步：被试管制指挥完实验场景之后，停止记录数据，将其眼动数据导出并存储。

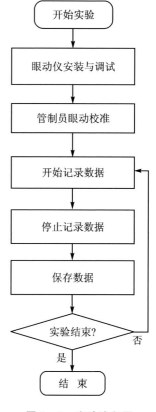

图 3-3　实验流程图

3.3　结果分析

3.3.1　不同场景下管制员的注视行为分析

不同级别管制员在不同场景下，管制指挥过程中会有不同的注视行为、扫视行为和眨眼行为，三种眼动行为的表征参数及其描述如表 3-3 所列。为了研究管制场景和管制级别对管制员眼动行为的影响，需要筛选管制员具有代表性的眼动指标。参考国内外学者在眼动方面的研究成果，本章选择两类指标对管制员的眼动行为进行对比研究,包括注视行为中的注视点分布、注视点顺序、平均注视持续时间,以及扫视行为中的平均扫视持续时间、平均扫视幅度、平均扫视速度。

表 3 - 3　三种眼动类型的常见表征参数及其描述

眼动类型	表征参数	描　　　　述
注视	注视点分布	实验过程中注视点在场景中的分布情况
	注视点顺序	注视点先后之间的顺序关系,注视点顺序连接即扫视路径
	平均注视持续时间	注视持续总时长与注视点总个数的比值,单位:ms
扫视	平均扫视持续时间	扫视持续总时长与注视点总个数的比值,单位:ms
	平均扫视幅度	平均一次扫视从开始到结束覆盖的范围,单位:m
	平均扫视速度	平均扫视幅度与平均扫视持续时间的比值,单位:(°)/s
眨眼	平均眨眼持续时间	平均眼睛一次完全睁开到下一次完全睁开所经历的时间,单位:s
	平均眨眼频率	单位时间内的眨眼次数,单位:Hz

1. 注视区域划分

本章将管制员管制的雷达屏幕按不同的位置划分为 3 个注视区域,如图 3 - 4 所示,分别用字母 a、b、c 表示。其中 a 区域是机场区域;b 区域是除机场区域以外的管制扇区区域,即航班飞行区域;c 区域是雷达屏幕上除扇区以外的其他区域。

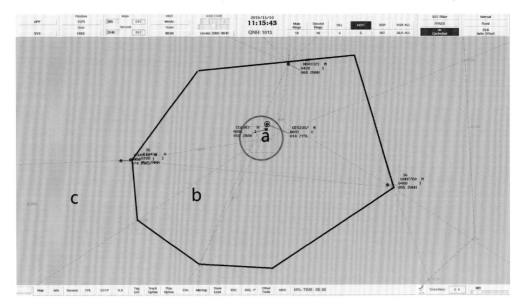

图 3 - 4　注视区域的划分

2. 注视区域分析

表 3 - 4 和图 3 - 5 ～ 图 3 - 7 分别给出了正常流量和大流量管制场景下,专家和

新手在不同注视区域的注视次数和注视总时长百分比。

表 3 - 4　不同注视区域的注视次数和注视总时长百分比

类　别	专　家		新　手	
	正常流量 M(SD)	大流量 M(SD)	正常流量 M(SD)	大流量 M(SD)
a 区域注视次数百分比/%	17.48(8.7)	16.21(9.81)	19.23(10.07)	17.45(9.55)
b 区域注视次数百分比/%	64.16(4.56)	66.73(8.54)	60.15(9.64)	62.4(10.01)
c 区域注视次数百分比/%	18.36(10.15)	17.06(16.24)	20.62(10.33)	20.15(13.36)
a 区域注视总时长百分比/%	17.04(12.85)	15.21(12.38)	18.78(10.8)	15.32(9.02)
b 区域注视总时长百分比/%	63.30(7.41)	65.27(9.82)	60.44(10.85)	65.02(8.61)
c 区域注视总时长百分比/%	19.65(14.8)	19.51(18.53)	20.77(8.39)	19.65(10.13)

从图 3 - 5 和图 3 - 6 中可以看出:随着飞行流量的增加,管制员对 a 区域注视的次数减少,对于 b 区域注视的次数增加;对于同种场景来说,新手更多地注视 a 区域,而专家更多地注视 b 区域。

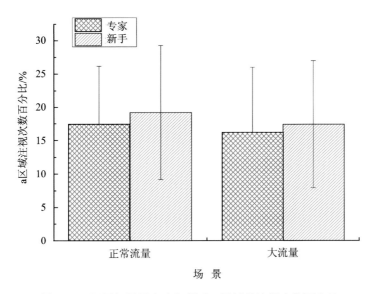

图 3 - 5　不同场景下专家和新手 a 区域的注视次数百分比

从图 3 - 7 和图 3 - 8 中可以看出:随着流量级别的增加,管制员对 a 区域注视的总时长减少,对于 b 区域注视的总时长增加;对于同种场景来说,新手对 a 区域有更多的注视时间,而专家对 b 区域有更多的注视时间。

综合以上分析可以看出,随着航班流量的增加,为了保障航班之间的安全间隔和飞行顺畅,管制员需要更长的时间关注航班飞行区域,对航班实施管制指挥,防止航班相撞。新手与专家相比,对机场区域有更多的注视次数、更长的注视时间。对于专家管制员来说,机场是所有航班的起降地,管制员非常清楚目标所在的位置,使得机

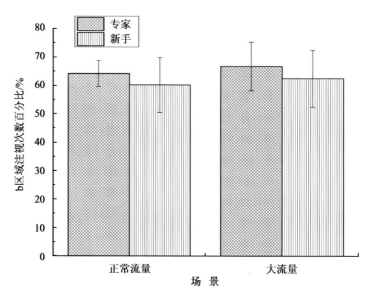

图 3-6　不同场景下专家和新手 b 区域的注视次数百分比

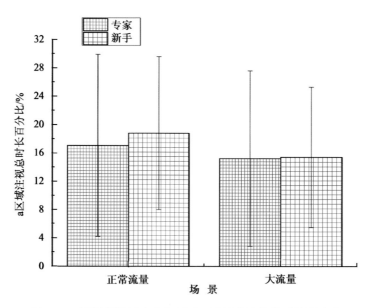

图 3-7　不同场景下专家和新手 a 区域的注视总时长百分比

场区域看起来像是相关性不大的区域。而对于新手管制员来说,由于工作时间有限,工作经验不足,使得在指挥航班时,需要不时地注视机场区域,以此来确认航班的正常起飞和落地。这种区别表明,专家和新手在管制指挥时所需获取的信息内容和信息来源不同,专家能够更多次数、更长时间地注视相关区域(扇区中航班飞行区域),整体上把控扇区交通运行态势;新手管制员因缺乏管制经验,更多地关注航班的汇聚地区(机

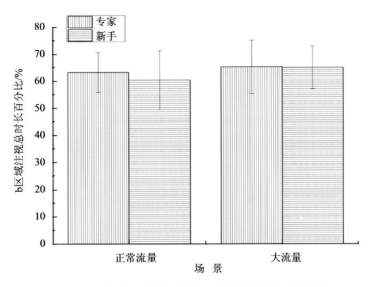

图 3-8　不同场景下专家和新手 b 区域的注视总时长百分比

场),往往容易忽视管制扇区内其他的交通,不能够更好地保持良好的情景意识。

3. 平均注视持续时间

平均注视持续时间是注视总时间和注视总数量的比值。由于正常流量和大流量状态下 99% 以上的注视持续时间小于 1 000 ms,故删除注视持续时间大于 1 000 ms 的原始数据,不同级别的管制员在不同场景状态下的平均注视持续时间如图 3-9 所示。分析结果显示,大流量场景与正常流量场景相比,专家和新手管制员的平均注视

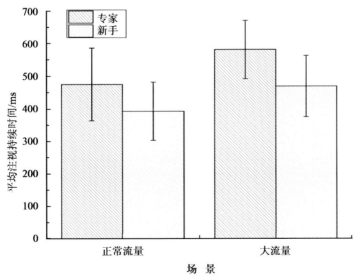

图 3-9　专家和新手管制员平均注视持续时间

持续时间都有所增加;在正常流量和大流量场景中,新手的平均注视持续时间都小于专家的平均注视持续时间。

随着流量级别的增加,管制员需要处理的航班数量已经超过了管制员最多可同时提供服务的架次,需要处理的信息增多,处理信息的难度也更大,因此管制员需要更长的注视持续时间来获取相关信息。

在各个流量级别内,新手的平均注视持续时间均小于专家。在管制过程中,专家主要通过记忆提取信息,对航班实行调配工作。这样使得他们在每次注视的时候需要更长的时间记住目标的各种信息。新手工作时间短,还没有足够的工作经验,没有形成自己的管制理念,对航班进行调配的时候可能遗忘需要比对的信息,以至于在观察下一个目标时还会再一次观察刚才的目标,导致注视点数量较多,相应的平均注视持续时间也就有所减少。

4. 注视时间占比

注视时间占比是管制员在一定实验阶段内的注视总时间与该实验阶段时长的比值。它反映的是被试在管制过程中处理所有信息的难易程度。不同级别的管制员在不同场景状态下的注视时间占比如图3-10所示。结果显示,大流量场景与正常流量场景相比,专家和新手管制员的注视时间占比增加;随着流量级别的增加,管制员为了保证空中交通的有序流动,需要对比更多航班之间的信息以避免航班之间发生冲突,信息加工的难度增加了。最终造成管制员在大流量状态下有更大的注视时间占比。

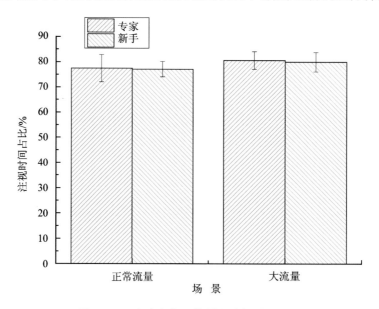

图 3 - 10 专家和新手管制员注视时间占比

然而,在正常流量和大流量场景中,专家和新手管制员的注视时间占比没有显著性差异。

5. 小　结

总体上随着飞行流量的增大,管制员对机场区域的注视次数和注视时长减少,对航班飞行区域的注视次数和注视时长增加;管制员的平均注视持续时间延长、注视时间占比增大。在各个流量级别内,专家和新手对于不同兴趣区域有不同的注视次数和注视时长。专家的平均注视持续时间比新手的长;专家和新手的注视时间占比没有什么差异。

通过以上分析可以得到以下两点结论:

① 专家在管制指挥过程中使用的视觉搜索方法是集中注意力法,一方面专家会把相关的和不相关的信息区分开,以便集中获取能够解决问题的重要信息;另一方面专家会把更多的相关信息聚集在一起比较分析,以较少的精力对所有信息进行处理。因此,在管制员培训过程中,新手应该学习专家的视觉搜索策略,即集中注意力法。

② 随着管制场景难度的增加,管制员会相应调整管制策略,倾向于注视信息更为重要的区域。

3.3.2　不同场景下管制员的扫视行为分析

1. 平均扫视持续时间

由于正常流量和大流量状态下 98% 以上的扫视持续时间小于 500 ms,因此删除原始数据中扫视时间大于 500 ms 的数据。不同级别管制员在不同场景状态下的平均扫视持续时间如图 3-11 所示。从图中可以看出,相比正常流量状态,大流量状态下专家和新手管制员的平均扫视持续时间都要略短一些;在正常流量场景和大流量

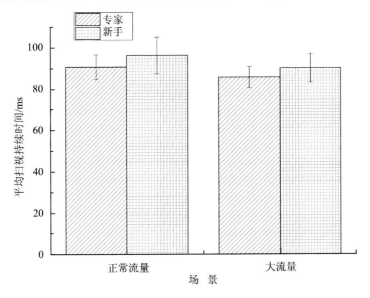

图 3-11　专家和新手管制员平均扫视持续时间

场景中,专家的平均扫视持续时间都小于新手。

大流量状态下专家和新手管制员的平均扫视持续时间,相较正常流量状态下有所减少,但减少幅度不大。造成这种差异的原因可能在于航班数量的增加导致航班之间的间隔缩小,进而导致管制员扫视两个目标所花费的时间减小,但是这并不能说明管制员视觉搜索的效率有所提高。

在各个流量级别内,专家管制员的平均扫视持续时间比新手管制员更短。其原因在于专家拥有丰富的管制工作经验,搜索信息和处理信息已趋向于程序化,即处理信息大多采用自上而下的方式。因此,专家能够迅速地发现、调配航班之间的间隔来保障航班有序飞行。而新手管制员工作时间短,没有形成自己的管制理念,搜索管制目标比较盲目,以至于不能迅速地将注意力转移到下一个管制目标。

2. 平均扫视幅度

不同级别的管制员在不同场景状态下的平均扫视幅度如图 3-12 所示。从图 3-12 中可以看出,大流量状态与正常流量状态相比,专家的平均扫视幅度有所减小,而新手的平均扫视幅度大幅增大;在正常流量场景和大流量场景中,专家的平均扫视幅度明显小于新手。

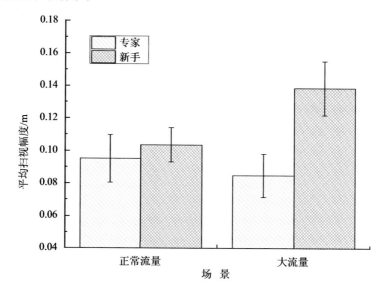

图 3-12　专家和新手管制员平均扫视幅度

专家和新手的平均扫视幅度的变化情况不一致,说明专家和新手在管制指挥时使用不同的视觉扫视策略。专家会时刻关注间距相近的航班对,保证航班的间距符合规定,由于航班数量的增加,航班的间距变小,使得专家的扫视幅度下降;然而新手注视目标的时间短,不能记住航班的速度、高度和航向信息,故新手会不停地注视扇区中的航班。又因为航班数量增加,使得新手管制员需要注意的目标增多,导致扫视幅度增加。

　　在两个流量级别内,专家管制员的平均扫视幅度都比新手的小。专家在管制过程中能够指挥航班按一定的顺序进离场,很好地在航班之间切换注意力。而新手管制员由于经验不足,不能指挥航班按一定的顺序进离场,使得获取的航班信息分布位置比较乱,管制员需要时刻关注所有的航班位置,导致扫视幅度比较大。

3. 平均扫视速度

　　不同级别管制员在不同场景状态下的平均扫视速度如图 3－13 所示。从图中可以看出,大流量场景与正常流量场景相比,专家的平均扫视速度有所减小,而新手的平均扫视速度没有显著变化;在正常流量场景中,专家和新手的平均扫视速度几乎没有差异,在大流量场景中,专家的平均扫视速度明显小于新手。

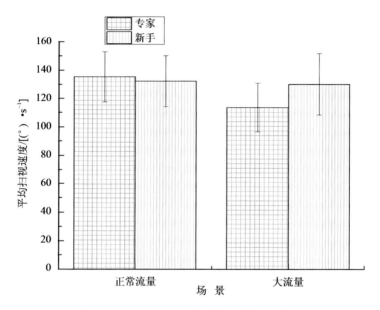

图 3－13　专家和新手管制员平均扫视速度

　　专家在正常流量场景和大流量场景中分别执行管制任务时,会采用不同的扫视速度,即采用不同的视觉扫描策略;而新手则倾向于使用相同的视觉扫描策略。由于专家管制员拥有多年的管制经验,故能够依据场景的不同而调整本身的视觉扫视策略;而新手管制员刚参加工作,没有足够的管制经验,对于搜索目标还没有形成固定的方法,故在不同的管制场景下通常使用相同的视觉扫描策略。

4. 注视转移模式分析

　　在概率理论和统计学中,以俄罗斯数学家安德烈·马尔可夫命名的马尔可夫链是一个满足马尔可夫性质(通常称为"无记忆性")的随机过程。设随机序列$\{X(n),n=0,1,2,\cdots\}$的离散状态空间 E 为$\{1,2,\cdots\}$,若对于任意 m 个非负整数 $n_1,n_2,\cdots,n_m(0\leqslant n_1<n_2<\cdots<n_m)$和任意自然数 k,以及任意的 $i_1,i_2,\cdots,i_m,j\in E$,满足:

$$P\{X(n_m + k) = j \mid X(n_1) = i_1, X(n_2) = i_2, \cdots, X(n_m) = i_m\}$$
$$= P\{X(n_m + k) = j \mid X(n_m) = i_m\} \tag{3.1}$$

则称 $\{X(n), n = 0, 1, 2, \cdots\}$ 为马尔可夫链。

简而言之,一个过程满足马尔可夫属性,就意味着人们可以仅基于其当前状态来预测过程的未来,亦可以知道该过程的完整历史,即以系统的当前状态为条件,其未来和过去是独立的。马尔可夫链分为两种:

① 离散时间马尔可夫链:在状态空间上会经历从一个状态到另一个状态的转换,下一个状态的概率分布仅依赖于当前状态,而不依赖于它之前的事件序列。

② 连续时间马尔可夫链:在一些状态空间中获取值,并且在每个状态中花费的时间采用非负实数值并且满足指数分布。模型的未来行为(当前状态和下一状态的剩余时间)仅取决于模型的当前状态,与历史行为无关。

管制员在管制指挥过程中,假设管制员下一个时刻所注视的位置只与现在的注视点有关,而与现在之前的注视点都没有关系,那么可用马尔可夫链来研究管制员的注视行为问题,步骤如下。

(1) 一步转移概率矩阵的定义

式(3.1)右边的条件概率形式为

$$P\{X(n + k) = j \mid X(n) = i\}, \quad k \geqslant 1 \tag{3.2}$$

称为马尔可夫链在 n 时刻的 k 步转移概率。转移概率表示已知 n 时刻处于状态 i,经 k 次转移到达状态 j 的概率。当马尔可夫链的转移概率只与出发状态 i、转移到达状态 j、转移次数 k 有关,而与转移的起始时刻 n 无关时,称此马尔可夫链为齐次马尔可夫链。

把转移概率 $P_{ij}(n, n+k)$ 记为 $P_{ij}(k)$,当 $k = 1$ 时,$P_{ij}(1)$ 称为一步转移概率,记为 $P_{ij}(1)$。

设 $\boldsymbol{P}$ 表示一步转移概率 P_{ij} 所组成的矩阵,且状态空间 $E = \{1, 2, \cdots\}$,则

$$\boldsymbol{P} = \begin{bmatrix} p_{11} & p_{12} & \cdots & p_{1n} & \cdots \\ p_{21} & p_{22} & \cdots & p_{2n} & \cdots \\ \vdots & \vdots & \vdots & \vdots & \vdots \end{bmatrix}$$

称为系统状态的一步转移概率矩阵。

(2) 求解注视一步转移概率矩阵

参照 3.3.1 小节中的注视区域划分,管制员注视点在哪个区域就视作处于哪个状态,在时刻 n 所注视的区域只与时刻 $n-1$ 注视的区域有关,这是一个典型的齐次马尔可夫链。

本章分别将机场区域、航班飞行区域和其他区域作为三种状态,统计三种状态之间和之内转移的概率。统计方法如图 3-14 所示。

图中的 1、2、3 分别对应 3.3.1 小节中的 a、b、c 注视区域,一共包括 9 种状态转移,即 a-a、a-b、a-c、b-a、b-b、b-c、c-a、c-b、c-c。

设

$$\sum_{j=1}^{n} a_{ij} = a_i, \quad i,j = 1,2,\cdots,n$$

那么由状态 i 转移到 j 的转移概率为 $f_{ij} = \dfrac{a_{ij}}{a_i}$，$i = 1,2,\cdots,n$。当样本容量足够大时，可以用样本分布近似地描述状态的理论分布，所以，由状态 i 转向 j 的转移概率的估计值为 $p_{ij} \approx f_{ij}$。

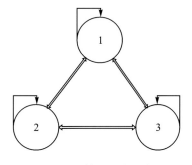

图 3-14　转移概率示意图

管制员注视点在各个状态之间转移的概率如表 3-5 所列。

表 3-5　管制员在正常流量和大流量下状态转移平均概率

%

类　别	专　家		新　手	
	正常流量	大流量	正常流量	大流量
P_{11}	2.796	2.134	4.468	2.485
P_{12}	9.93	11.23	11.07	11.79
P_{13}	1.16	0.867	0.538	0.98
P_{21}	10.925	10.626	11.086	11.765
P_{22}	47.22	47.229	49.471	51.625
P_{23}	9.791	9.027	7.64	7.404
P_{31}	1.161	1.01	0.513	1.005
P_{32}	9.587	8.88	7.678	5.575
P_{33}	7.426	8.992	7.532	7.366

从表 3-5 中可以看出，无论是在正常流量场景下还是在大流量场景下，专家和新手管制员状态转移概率最大值均是 P_{22}；其次，相比其他区域，各个区域与 2 区之间的状态转移概率比较大。这是因为 2 区是管制员管制指挥航班的区域，为了能够保证航班安全有序地飞行，避免发生冲突，管制员一次注视并不能获得足够的信息，需要多次注视该区域以获得航班的全部信息，然后再向其他区域转移。

图 3-15 和图 3-16 是管制员在 1 区和 2 区之间的一步注视转移概率。从图中可以看出，无论是正常流量还是大流量，专家管制员在 1 区和 2 区之间的注视转移概率都小于新手管制员。分析认为，专家和新手在管制指挥过程中使用了不同的视觉扫视策略：由于新手工作经验不足，为了得到一个更好的解决方案，需要频繁地注视机场区域，把机场区域作为一个目标，为了指挥航班到达机场位置，要考虑前一步的工作；而专家已经有丰富的管制经验，在管制指挥时不需要频繁地注视机场区域，只需要在管制扇区区域调整好航班，使航班按照一定顺序进场或者离场即可。

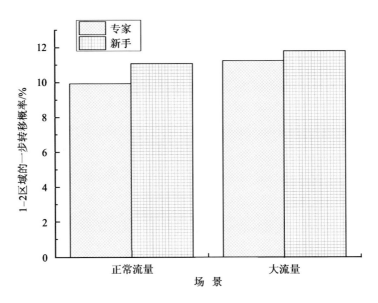

图 3 - 15   1 - 2 区域的一步转移概率

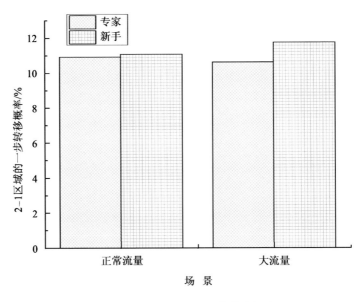

图 3 - 16   2 - 1 区域的一步转移概率

5. 小 结

从以上结论可知,在正常流量和大流量场景中,专家的平均扫视持续时间和平均扫视幅度都小于新手;而对于正常流量级别,专家和新手的平均扫视速度几乎没有差异;对于大流量级别,专家的平均扫视速度明显小于新手。随着流量级别的增加,专家和新手的平均扫视持续时间、平均扫视幅度和平均扫视速度会有不同的变化。

　　以上结果可以说明专家和新手的信息搜索策略存在明显的差异。专家搜索目标的效率更高,从信息的获取、认知到做出决策,其中的每一步都比新手快;专家更多地使用自上而下的信息处理方式,在不关注目标的情况下建立解决方案。新手更多地使用自下而上的信息扫视策略,需要较长的时间搜索目标和定位目标。扫视时间和扫视幅度的不同可以说明专家和新手在扫视目标中使用了不同的视觉扫视模式。这一发现可以改进新手管制员的管制训练方法,新手可以学习专家有效和先进的扫视模式,使训练更有效率。

3.3.3　管制员眼动行为差异的显著性分析

　　从以上两节分析结果可知,在正常流量场景和大流量场景下,不同级别管制员的平均注视持续时间、注视时间占比、平均扫视持续时间、平均扫视幅度和平均扫视速度存在明显差异。下面将利用统计学理论和方法对专家管制员和新手管制员的各种眼动指标在正常流量场景和大流量场景下进行显著性分析。

　　由于管制员的各种眼动指标很难满足方差分析中的正态性和方差齐次性的要求,所以,在显著性分析中方差分析并不满足前提条件。本章选择非参数检验方法研究正常流量场景和大流量场景下专家和新手管制员眼动指标差异的显著性。

　　根据眼动数据的特征,选择 Mann-Whitney U 检验方法判断专家和新手管制员的平均注视持续时间、注视时间占比、平均扫视持续时间、平均扫视幅度和平均扫视速度等眼动指标在正常流量场景和大流量场景下是否具有显著性差异。统计学中显著性差异的标准是 $p \leqslant 0.5$。正常流量场景和大流量场景下专家和新手管制员各种眼动指标差异的显著性分析结果如表 3-6~表 3-9 所列。

表 3-6　不同流量下专家管制员眼动行为差异的显著性分析结果

序　号	眼动指标参数	原假设	测　试	Sig.	决策者
1	平均注视持续时间	平均注视持续时间的分布在流量类别上相同	独立样本 Mann-Whitney U 检验	0.028	拒绝原假设
2	注视时间占比	注视时间占比的分布在流量类别上相同	独立样本 Mann-Whitney U 检验	0.045	拒绝原假设
3	平均扫视持续时间	平均扫视持续时间的分布在流量类别上相同	独立样本 Mann-Whitney U 检验	0.219	接受原假设
4	平均扫视幅度	平均扫视幅度的分布在流量类别上相同	独立样本 Mann-Whitney U 检验	0.128	接受原假设
5	平均扫视速度	平均扫视速度的分布在流量类别上相同	独立样本 Mann-Whitney U 检验	0.02	拒绝原假设

表 3 - 7　不同流量下新手管制员眼动行为差异的显著性分析结果

序　号	眼动指标参数	原假设	测　试	Sig.	决策者
1	平均注视持续时间	平均注视持续时间的分布在流量类别上相同	独立样本 Mann-Whitney U 检验	0.027	拒绝原假设
2	注视时间占比	注视时间占比的分布在流量类别上相同	独立样本 Mann-Whitney U 检验	0.037	拒绝原假设
3	平均扫视持续时间	平均扫视持续时间的分布在流量类别上相同	独立样本 Mann-Whitney U 检验	0.037	拒绝原假设
4	平均扫视幅度	平均扫视幅度的分布在流量类别上相同	独立样本 Mann-Whitney U 检验	0.424	接受原假设
5	平均扫视速度	平均扫视速度的分布在流量类别上相同	独立样本 Mann-Whitney U 检验	0.719	接受原假设

表 3 - 8　正常流量下不同级别管制员眼动行为差异的显著性分析结果

序　号	眼动指标参数	原假设	测　试	Sig.	决策者
1	平均注视持续时间	平均注视持续时间的分布在管制级别上相同	独立样本 Mann-Whitney U 检验	0.048	拒绝原假设
2	注视时间占比	注视时间占比的分布在管制级别上相同	独立样本 Mann-Whitney U 检验	0.391	接受原假设
3	平均扫视持续时间	平均扫视持续时间的分布在管制级别上相同	独立样本 Mann-Whitney U 检验	0.172	接受原假设
4	平均扫视幅度	平均扫视幅度的分布在管制级别上相同	独立样本 Mann-Whitney U 检验	0.146	接受原假设
5	平均扫视速度	平均扫视速度的分布在管制级别上相同	独立样本 Mann-Whitney U 检验	0.819	接受原假设

表 3 - 9　大流量下不同级别管制员眼动行为差异的显著性分析结果

序　号	眼动指标参数	原假设	测　试	Sig.	决策者
1	平均注视持续时间	平均注视持续时间的分布在管制级别上相同	独立样本 Mann-Whitney U 检验	0.009	拒绝原假设
2	注视时间占比	注视时间占比的分布在管制级别上相同	独立样本 Mann-Whitney U 检验	0.632	接受原假设
3	平均扫视持续时间	平均扫视持续时间的分布在管制级别上相同	独立样本 Mann-Whitney U 检验	0.249	接受原假设

序　号	眼动指标参数	原假设	测　试	Sig.	决策者
4	平均扫视幅度	平均扫视幅度的分布在管制级别上相同	独立样本 Mann-Whitney U 检验	0.006	拒绝原假设
5	平均扫视速度	平均扫视速度的分布在管制级别上相同	独立样本 Mann-Whitney U 检验	0.031	拒绝原假设

根据表 3-6～表 3-9 中正常流量和大流量状态下专家管制员和新手管制员眼动指标差异的显著性分析结果,可得专家和新手管制员的各种眼动指标参数在正常流量和拥堵大流量状态下的差异显著程度。其中,在不同流量状态下,专家管制员的平均注视持续时间、注视时间占比和平均扫视速度具有显著性差异;新手管制员的平均注视持续时间、注视时间占比和平均扫视持续时间具有显著性差异。在正常流量状态下,不同级别管制员的平均注视持续时间具有显著性差异;在大流量状态下,不同级别管制员的平均注视持续时间、平均扫视幅度和平均扫视速度具有显著性差异。

研究结果表明,在不同流量场景下,专家和新手管制员的平均注视持续时间和注视时间占比分别具有显著性差异;在各个流量级别内,专家和新手之间的平均注视持续时间也存在显著性差异。这说明专家和新手管制员都会根据场景的不同调整自己的视觉搜索策略,并且专家和新手管制员在指挥正常流量场景和大流量场景时又会使用不同的视觉搜索策略。根据 3.4.1 小节的注视行为分析可知,专家管制员在管制指挥过程中,会使用更优的视觉搜索策略,即更多地使用集中注意力的方法;而新手管制员在搜索目标过程中比较随机,处理目标时没有记住目标信息,经常会注意不相关的区域。因此,为了更好地培养见习管制员的工作能力,更快地提高见习管制员的管制技能,见习管制员应该学习专家的视觉搜索策略,即集中注意力的方法。

在不同流量场景下,专家管制员的平均扫视速度存在显著性差异,而新手管制员没有差异;在大流量状态下,专家和新手管制员的平均扫视幅度和平均扫视速度存在显著性差异。这说明专家管制员会根据场景的不同调整自己的视觉扫视策略;在指挥大流量场景时专家和新手管制员的视觉扫视策略不一样。根据 3.4.2 小节的注视行为分析可知,随着流量级别的增加,即从正常流量增加到大流量的过程中,专家管制员通过降低扫视速度来保证航班之间的间距符合要求;而新手管制员则采用了频繁转移注意点的策略,以保证航班之间的间隔。总之,专家搜索目标的效率更高,从信息的获取、认知到做出决策,其中每一步都比新手快,即专家管制员更多地使用自上而下的信息处理方式,新手管制员更多地使用自下而上的信息扫视策略。因此,新手管制员可以学习专家有效、先进的扫视模式,使训练更有效率。

3.4　本章小结

　　本章主要研究了正常流量场景和大流量场景下专家和新手管制员的眼动行为的差异。通过采集管制员在两种场景下的眼动数据，利用第 2 章介绍的眼动数据区分算法计算管制员的注视行为参数和扫视行为参数，具体分析管制员的注视行为和扫视行为。然后使用 Mann-Whitney U 检验方法对专家管制员和新手管制员的各种眼动指标在正常流量场景和大流量场景下进行显著性分析。下一章将介绍在不同管制场景中管制员的眼动行为和工作负荷之间的关系。

第 4 章　管制员眼动行为与工作负荷的关系

4.1　引　言

　　管制员的工作负荷与扇区容量密切相关,管制区域内航班流量应依据管制员工作负荷制定,以确保管制员工作状态良好,这也是确定空域容量的关键因素,因此,准确测量管制员的工作负荷至关重要。起初,研究人员采用主观测量法评估管制员的工作负荷,实验结果随机性大,准确性低。后来,相关专家借助生理仪器、眼动仪等设备评估管制员的工作负荷,测量管制员的生理、心理状态,这些指标能够更准确地反映管制员的工作负荷。基于管制员工作负荷评估目的和现有设备,本章主要使用NASA - TLX 方法和眼动分析方法来探讨二者之间的关系。

4.2　实验设计

(1) 实验场景

　　本节仿真实验中的空域为广州进近管制扇区,空域场景如图 4 - 1 所示。实验中设置了 5 个场景,分别如下:

　　Case 1:(正常)2～3 点,GYA、ATAGA、YIN、VIBOS 使用 01 跑道,IGONO 使用 02R,IDUMA 使用 02R,且使用拉直 S 方案;被试 1。

　　Case 2:(CDO/CCO)2～3 点,GYA、ATAGA、YIN、VIBOS 使用 01 跑道,IGONO 使用 02R,IDUMA 使用 02R,且使用拉直 S 方案;被试 2。

　　Case 3:(正常)1～2 点,GYA、ATAGA、YIN、VIBOS 使用 01 跑道,IGONO 使用 02R,IDUMA 使用 02R,且使用拉直 S 方案;被试 2。

　　Case 4:(CDO/CCO)1～2 点,GYA、ATAGA、YIN、VIBOS 使用 01 跑道,IGONO 使用 02R,IDUMA 使用 02R,且使用 N 方案;被试 2。

　　Case 5:(CDO/CCO)2～3 点,GYA、ATAGA、YIN、VIBOS 使用 01 跑道,IGONO 使用 02R,IDUMA 使用 02R,且使用 N 方案;被试 2。

　　实验场景包括两种程序:PBN 飞行程序,即基于性能导航的飞行程序;CCO 与CDO 运行程序是指,飞机最大限度地按照最佳性能飞行剖面进行连续爬升和下降,进而实现节省燃油、减排降噪、简化飞行操作和减少陆空通话的目的。广州 CDO/CCO 运行方案基于向北运行,选取高要(GYA) VOR、ATAGA、IGONO 和 IDUMA

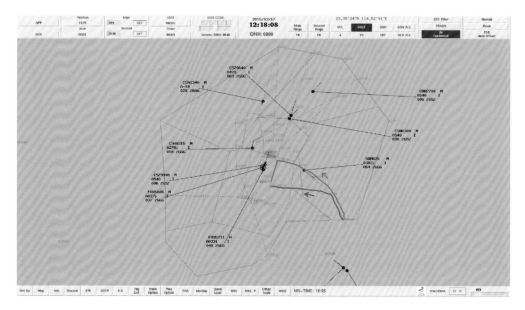

图 4-1　实验场景图

等 4 个进场方向,以及英德 VOR 和 VIBOS 等 2 个离场方向,开展 CDO 与 CCO 程序设计。

场景中的拉直 S 方案是指从 IDUMA 方向进场的航班直接从 SHL 到 GG422,如图 4-1 中的红线标注;N 方案是指从 IDUMA 方向进场的航班先从 SHL 到达 GG423,然后再到达 GG422,如图 4-1 中的蓝线标注。

(2) 实验对象

参与对象为某地区两名四级进近管制员,年龄均为 31 岁。为排除其他影响因素,实验开始前管制员状态正常。管制员对管制场景比较熟悉。

(3) 实验设备

同第 3 章所用设备。

(4) 实验步骤

第 1 步:实验开始之前,告知管制员管制过程中采集眼动数据时的注意事项,然后向管制员介绍 NASA-TLX 量表的操作,尽量保证所采数据的准确性。

第 2 步:faceLAB 5.0 系统安装,调试设备,对被试进行建模,获取被试的眼部特征;最后进行屏幕校准。

第 3 步:开始实验,管制员管制指挥实验场景,faceLAB 5.0 采集管制员的眼动数据。

第 4 步:管制员完成实验操作之后,停止记录眼动数据,将其眼动数据导出并存储。然后管制员填写 NASA-TLX 量表。

4.3　管制员工作负荷概述

4.3.1　管制员工作负荷定义

管制员工作负荷并没有统一的定义。D. T. Warr 认为:工作负荷是管制员在一定时间内完成一组任务所需要付出的人力成本。对此人力成本的感知是不可直接观察的量级,所以将其反过来引向其他可观察到的现象上。根据其自身的性质,工作负荷是主观的,并且与每个管制员的感觉相关。根据复杂性,工作负荷可分为体力负荷和脑力负荷。

4.3.2　管制员工作负荷测量方法

管制员工作负荷测量方法分为直接方法和间接方法。直接方法主要获得能体现管制员工作量的各种指标。间接方法基于其他的指标,例如,扇区复杂性指标。

直接方法可以进一步细分为在线方法和离线方法。在线方法是在练习和操作期间执行,而离线方法是在操作之后执行。直接方法主要具有使管制员参与到工作负荷测量过程中的优点,这使得结果易于被接受。然而,直接在线方法的主要缺点是会干扰管制员活动,使结果的有效性存在不确定性。另外,直接离线方法是主观的,即取决于管制员的主观判断。Hart 等人根据测量类型将直接方法分解为三个不同的类别:基于性能的方法通常是在线方法,主要用于测量管制员如何执行主要任务(产生工作负荷的任务)和次要任务(附加人为创建的任务);主观方法是在线或者离线方法,基于管制员对操作的个人判断,需要管制员对一维或者多维工作量表进行评级;生理/生化方法适于在线使用,目的是获取由工作负荷引起的身体变化参数。

表 4 - 1 给出了管制员不同工作负荷测量方法的对比。

表 4 - 1　管制员不同工作负荷测量方法的对比

工作负荷测量方法	优　点	缺　点
直接宣布法	直接、快速	差异性大,没有技术支持
"MBB"方法	数学模型简单	没有考虑复杂度、航行时间
"DORATASK"方法/ RAMS	详细分析了管制员工作时间	认知过程/任务预测困难
NASA - TLX 量表法	分类细致,考虑交通运行状况	不熟悉测试程序易出现差错
心理与生理指标测量法	数据客观、准确	设备昂贵,相关性需验证

间接方法主要用于将管制员的工作负荷与复杂性联系起来。许多研究列出了影响管制员工作负荷的复杂因素,主要因素包括空域因素、交通因素和操作因素。空域因素包括空域特性(例如扇区形状);交通因素包括交通特性(例如占用数量);操作因素包括半随机变量(例如系统中断或者天气影响)。

表4-2给出了管制员工作负荷的影响因素。

表4-2　管制员工作负荷的影响因素

交通因素	扇区因素
航班数量	扇区大小
航班数量峰值	扇区形状
交通流混合模式	扇区边界位置
上升/下降航班	飞行高度层
航班速度	扇区导航设备
纵向/横向间隔标准	进/出扇区点
航班最小距离	空中走廊配置
航班航向	单向航路比例
预计冲突最近距离	风

上述工作负荷测量方法主要是直接测量管制员的工作负荷或从其他指标如交通复杂性指标中体现出来。直接方法(例如访谈或讨论)会干扰管制员实时的操作情况,或者需要操作后测量。而间接方法不能获取各个管制员之间的差异;此外,由于管制员没有参与工作负荷的计算过程,导致管制员不相信该方法的结果。

综合考虑,本章采用NASA-TLX方法来评测管制员的工作负荷。

4.4　结果分析

4.4.1　不同场景下管制员的工作负荷

1. NASA-TLX量表数据采集

NASA-TLX量表是一个多维评估程序,它基于6个子量表的评估加权平均值得到总体工作负荷分数。各条目的详细说明如表4-3所列。

表4-3　NASA任务负荷指数评价量表详细说明

条目名称	条目说明
脑力需求	管制员执行工作时思考、决策和观察的精神需求
体力需求	管制执行过程中管制员所需消耗的身体能量
时间需求	管制员工作过程中所承受的时间压力
努力程度	在完成这项任务时,管制员在脑力和体力方面做出的努力
绩效水平	管制员对自己在管制过程中能力表现的满意程度
受挫程度	管制员在管制过程中是感到放松还是有压力

NASA - TLX 量表由 3 部分组成。① 收集 6 个维度的评级;② 收集 6 个维度的权重;③ 加权平均得到总体工作负荷分数。

2. 管制员工作负荷结果分析

根据所采集的工作 NASA - TLX 量表,计算出管制员在不同场景下的工作负荷值,结果如图 4 - 2 所示。

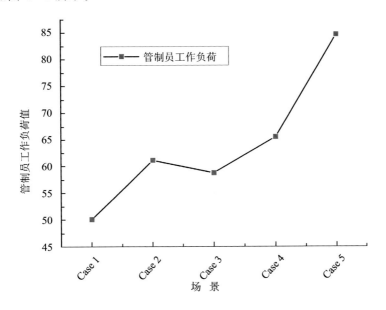

图 4 - 2　不同场景下管制员的工作负荷

① Case 1 和 Case 3 是正常程序不同时间段的运行场景,其中 Case 1 是正常流量的场景,Case 3 是大流量的场景。由图 4 - 2 可知,管制员在 Case 3 场景运行下的工作负荷大于在 Case 1 场景运行下的工作负荷。随着航班流量的增加,管制员在一定时间段内需要指挥更多的航班,需要付出更多的体力需求、时间需求和受挫程度。

② Case 2、Case 4 和 Case 5 是 CDO/CCO 程序的运行场景。其中,在 Case 5 场景中管制员的工作负荷最大,其次是 Case 4,工作负荷最小的是 Case 2。根据运行场景方案的设定,拉直 S 方案与 N 方案相比,航班飞行的航程较短,与 ATAGA 和 IGON 进场的航班发生冲突的概率较小;而且 Case 2 是正常流量的场景,Case 4 和 Case 5 都是大流量的场景。因此,Case 2 与 Case 4 和 Case 5 相比,在管制指挥过程中管制员所要付出的工作负荷最小。场景 Case 4 和场景 Case 5 是大流量的场景,航班流量增加,管制员需要监视、指挥的航班增加,需要的脑力需求、体力需求和时间需求增加。Case 4 场景运行时间是 70 min,Case 5 场景运行时间是 38 min。根据实验设计,大部分航班的进离场均安排在前 40 min。管制员在前 40 min 的工作负荷要大于后 30 min。因此,管制员在 Case 4 场景中的整体工作负荷小于 Case 5 场景的工作负荷。

③ 场景 Case 4 的工作负荷大于场景 Case 3 的原因有两方面。一方面因 Case 4 是 CDO/CCO 运行程序,管制员不熟悉此类程序,在管制过程中管制员需要付出更大的认知努力。另一方面,Case 3 使用拉直 S 方案,从 IDUMA 方向进场的航班直接从 SHL 到 GG422;Case 4 使用 N 方案,从 IDUMA 方向进场的航班从 SHL 到达 GG423,然后再到达 GG422。两种方案相比,拉直 S 方案使航班需要外推到汇聚点的时间更短,便于管制员预判潜在的冲突,在管制指挥过程中,管制员需要付出的工作负荷较小。

④ 总体上,拉直 S 方案下管制员便于预判潜在的冲突,因此该方案下管制员的工作负荷小于 N 方案下管制员的工作负荷;随着航班流量的增加,管制员需要关注的航班信息增加,导致管制员的工作负荷增加。CDO/CCO 程序运行下,管制员需要更多的脑力需求、时间需求和努力程度,使得该程序工作负荷大于正常程序运行下的工作负荷。

4.4.2 场景复杂性对管制员眼动行为的影响

眼动行为反映出管制员在处理交通任务时认知工作负荷的变化情况。前期大量的实验研究表明,眼动行为指标中,注视行为、扫视行为和眨眼行为与工作负荷相关。因此,根据所采集的眼动数据,对管制员的注视和扫视等眼动指标分别进行统计分析与讨论。由于管制员在 Case 2 场景下眼动校准有误,故只分析其他 4 种场景的眼动行为差异。

1. 注视行为分析

从图 4 - 3 中可以看出,场景 Case 1 的平均注视持续时间小于场景 Case 3,场景 Case 4 的平均注视持续时间小于场景 Case 5。通过场景比较可知,Case1 的航班流量小于 Case 3;Case 4 的运行时间是 70 min,Case 5 的运行时间是 38 min,而大部分航班都是在前 40 min 运行。对于使用同种运行程序和同种方案的两种不同流量级别的管制场景来说,随着管制员工作负荷的增加,平均注视持续时间增加,具体表现在管制员记忆信息的难度增大,同时提取信息需要较大的认知努力。

场景 Case 3 和场景 Case 4 属于同种流量级别、不同运行程序的场景。场景 Case 3 的平均注视持续时间大于场景 Case 4,但场景 Case 3 的工作负荷却小于场景 Case 4。分析认为,在大流量情况下,管制员在传统雷达管制运行时,需要时刻判断航班的当前位置与预计位置,确保运行安全;而在 CDO/CCO 运行方案中,需要指挥航班最大限度地按照最佳性能飞行剖面进行连续爬升和下降,当所有航班都开始实施 CCO/CDO 时,管制员注视时间将会缩短。因此,Case 4 的平均注视时间要远小于 Case 3 的平均注视时间。造成 Case 4 的工作负荷大于 Case 3 的主要原因,可能在于管制指挥不熟悉 CDO/CCO 程序,其所需的时间需求、努力程度和受挫程度均要大于正常雷达管制的运行方式。

Case 5 下的平均注视时间小于 Case 4 的主要原因在于交通流量的分布主要集

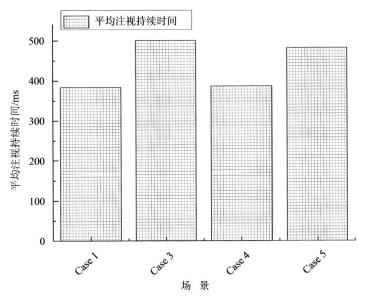

图 4-3　不同场景下平均注视持续时间差异比较

中在模拟实验的前 40 min。前 40 min 管制员的平均注视持续时间处于一直上升的趋势。在 Case 4 情况下，后 40 min 管制员的平均注视持续时间开始减少，所以平均注视持续时间，Case 4 要小于 Case 5。

2. 扫视行为分析

从图 4-4 中可以看出，场景 Case 1 的平均扫视持续时间小于场景 Case 3，场景

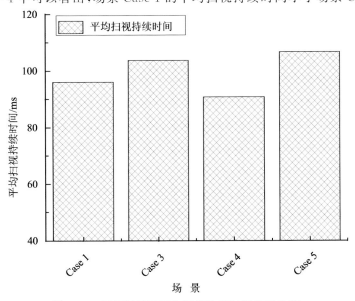

图 4-4　不同场景下平均扫视持续时间差异比较

Case 4 的平均扫视持续时间小于场景 Case 5。通过场景比较可知，Case 1 的航班流量小于 Case 3；Case 4 的运行时间是 70 min，Case 5 的运行时间是 38 min，而大部分航班都是在前 40 min 运行。这说明对于使用同种运行程序和同种方案的两种不同流量级别的管制场景来说，随着工作负荷的增加，管制员不能很好地掌控空中交通态势，无法有效地搜索目标，管制员平均扫视持续时间就会增加。场景 Case 3 和场景 Case 4 是属于同种流量级别、不同运行程序的场景，从图中可以知道，场景 Case 3 的平均扫视持续时间大于场景 Case 4，而场景 Case 3 的工作负荷小于场景 Case 4。分析认为，管制员不熟悉 CDO/CCO 程序，在管制过程中管制员需要付出较大的认知努力，使得工作负荷较大；但是由于在 CDO/CCO 程序下，管制员只需要指挥航班最大限度地按照最佳性能飞行剖面进行连续爬升和下降，简化了操作，减少了陆空通话，因此管制员能够及时、准确地进行管制指挥，使得平均扫视持续时间较小。

从图 4-5 中可以看出，场景 Case 1 的平均扫视速度大于场景 Case 3，场景 Case 4 的平均扫视速度大于场景 Case 5。通过场景比较可知，Case 1 的航班流量小于 Case 3；Case 4 的运行时间是 70 min，Case 5 的运行时间是 38 min，而大部分航班都是在前 40 min 运行。分析认为，航班数量的增加会使它们之间的间隔减小，航班之间更容易产生干扰和冲突，给予管制员去感知、判断和反应的时间减少，使得管制员不能及时、准确地做出管制决策，从而导致管制员的扫视速度减小。这说明对于使用同种运行程序和同种方案的两种不同流量级别的管制场景来说，随着管制员工作负荷的增加，管制员的平均扫视速度减小。CDO/CCO 运行程序可以简化操作，减少陆空通话，这样管制员就能够快速搜索到目标，因此场景 Case 3 的平均扫视速度小于

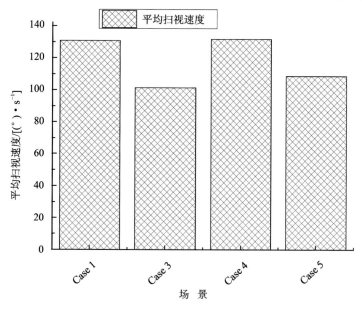

图 4-5 不同场景下平均扫视速度差异比较

场景 Case 4。

3. 眨眼行为分析

从图 4 - 6 可以看出,场景 Case 1 的平均眨眼持续时间最大,场景 Case 3、Case 4 和 Case 5 的平均眨眼持续时间小于 Case 1,而且 Case 5 的平均眨眼持续时间最小。通过场景比较可知,Case 1 的航班流量小于 Case 3;Case 4 的运行时间是 70 min,Case 5 的运行时间是 38 min,而大部分航班都是在前 40 min 运行。这说明随着航班数量的增加,管制员需要关注的信息增加,这导致管制员时刻处于一种紧张状态,管制员需要减小眨眼时间,以保证对航班的正常指挥;同时说明随着管制员工作负荷的增加,管制员的平均眨眼持续时间减小。场景 Case 4 的平均眨眼持续时间大于场景 Case 3,但是场景 Case 4 中管制员的工作负荷大于场景 Case 3。分析认为,在场景 Case 4 中,由于运行程序是 CDO/CCO 程序,管制员第一次指挥,没有什么管制经验,所以需要的认知努力较大;但是 CDO/CCO 程序简化了操作程序,管制员不需要时刻关注航班速度、高度等信息来保证航班之间的间隔,因此在此程序下管制员的平均眨眼持续时间较长。

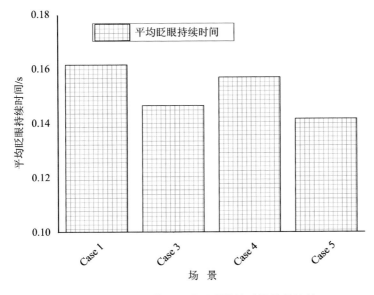

图 4 - 6　不同场景下平均眨眼持续时间差异比较

4.4.3　任务时间对管制员眼动行为的影响

1. 注视行为分析

为了研究注视持续时间随任务时间的变化关系,提取管制员在管制过程中测试的有效数据,并以 1 min 为时间段,计算所有时间段内的平均扫视持续时间,得到管制员平均注视持续时间随任务时间的变化规律,如图 4 - 7 所示。从图中可以得知,在 Case 1、Case 3 和 Case 4 场景中,随着任务时间的增加,管制员管制指挥时的平均注视持续时间先增加后减小;在 Case 5 场景中,随着任务时间的增加,管制员管制指挥时的平均注视持续时间增加。分析认为:在 Case 1、Case 3 和 Case 4 整个管制时间内,随着任务时间的增加,管制员对实验场景越来越熟悉,管制员能够合理地分配注意力,处理信息的难度下降,从而使管制员管制指挥时的平均注视持续时间随任务时间的增加而减小;Case 1、Case 3 和 Case 4 以及 Case 5 场景在前 40 min 运行时间内,在有限的扇区区域内,航班的数量增加,管制员需要记忆的信息增多,通过运行场景的时间积累,管制员记忆的信息就会累积到一定程度,为了继续有效地管制指挥,管制员在每一次注视时需要更多的时间记忆航班信息,导致管制员的平均注视持续时间增加,因此在航班流量增加的时间段内,管制员的工作负荷增大,管制员的平均注视持续时间增加。

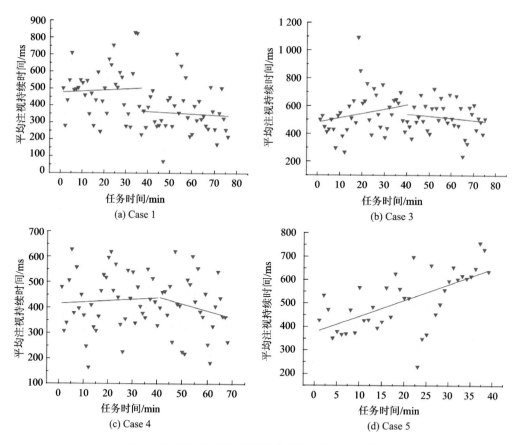

图 4-7 平均注视持续时间随任务时间的变化曲线

2. 扫视行为分析

为了研究扫视持续时间随任务时间的变化关系,对管制员的扫视持续时间实测数据,按照 1 min 的时间间隔计算平均扫视持续时间,得到平均扫视持续时间随任务时间的变化曲线如图 4-8 所示。从图中可以看出,随着管制员管制时间的增加,平均扫视持续时间增加,其中 Case 3 场景和 Case 5 场景平均扫视持续时间增加的幅度大于 Case 1 场景和 Case 4 场景。随着任务时间的增加,管制员搜索目标需要花费的时间增加,表明管制员的视觉搜索效率降低,管制员的工作负荷增大。

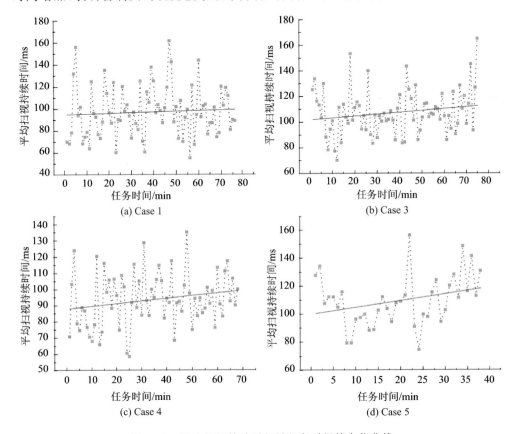

图 4-8　平均扫视持续时间随任务时间的变化曲线

为了研究扫视速度随任务时间的变化关系,对管制员的扫视速度实测数据,按照 1 min 的时间间隔计算平均扫视速度,得到平均扫视速度随任务时间的变化曲线,如图 4-9 所示。从图中可以看出,在 Case 1、Case 3 和 Case 4 场景中,随着任务时间的增加,管制员管制指挥时的平均扫视速度先减小后增大;在 Case 5 场景中,随着任务时间的增加,管制员管制指挥时的平均扫视速度下降。分析认为:在 Case 1、Case 3 和 Case 4 场景中,航班数量一直保持在雷达管制同一时间、同一扇区内所能管制航班的数量以下,通过任务时间的增加,管制员越来越熟悉管制运行场景,从而其平均扫视速度随任务时间的增加而增大;Case 1、Case 3 和 Case 4 以及 Case 5 场景在前 40 min 运行时间内,航班数量的增加使管制员无法及时、准确做出决策,从而导致管制员的扫视速度减小。根据以上结论可知:在航班流量增加的时间段内,管制员的工作负荷增加,管制员的平均扫视速度下降。

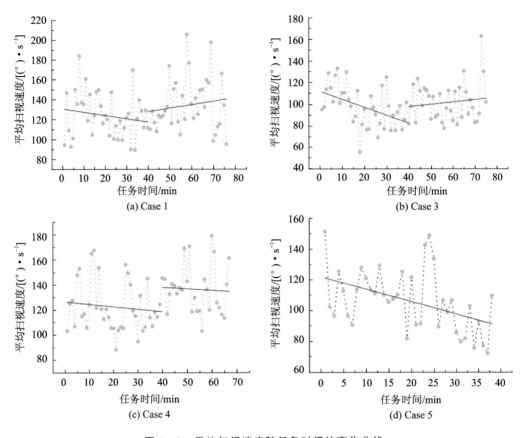

图 4 – 9　平均扫视速度随任务时间的变化曲线

3. 眨眼行为分析

　　当被试处于不同精神状态时,眨眼持续时间的变化情况是不同的。当被试处于正常工作状态时,其眨眼持续时间短;当被试疲劳时,眼睑闭合缓慢,眨眼持续时间变长。为了研究眨眼持续时间随任务时间的变化关系,对管制员的眨眼持续时间实测数据,按照 1 min 的时间间隔计算平均眨眼持续时间,得到平均眨眼持续时间随任务时间的变化曲线,如图 4 – 10 所示。从图中可以看出,随着任务时间的增加,管制员管制指挥时的平均眨眼持续时间变化不大,但是略有增加。这说明随着任务时间的增加,管制员的疲劳程度增加,从而导致管制员的平均眨眼持续时间增加,这与已有研究成果相一致。

　　通过 4.4.2 小节和 4.4.3 小节内容可知:当管制员管制指挥具有不同难易程度的场景时,随着管制场景难度的增加,管制员的工作负荷增大,管制员的平均眨眼持续时间减小;当管制员连续长时间管制一种场景时,随着任务时间的增加,管制员的

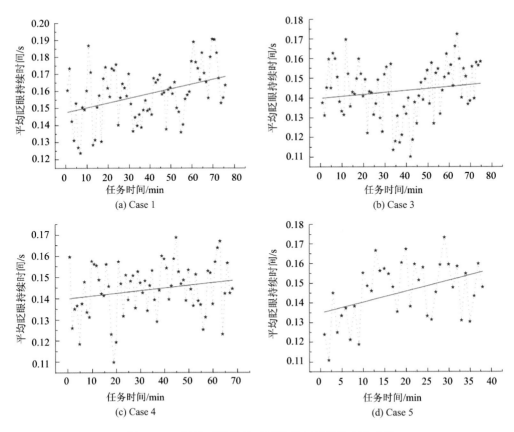

图 4-10　平均眨眼持续时间随任务时间的变化曲线

平均眨眼持续时间增加。

4.4.4　管制员眼动行为和工作负荷的研究结果

通过对不同运行场景下管制员的工作负荷和眼动行为的分析,可以得到以下结论:

① 由于拉直 S 方案下管制员能够更快地预判潜在的冲突,导致拉直 S 方案下管制员的工作负荷小于 N 方案下管制员的工作负荷;随着航班流量的增加,管制员需要关注的航班信息增加,管制员的工作负荷增大;在 CDO/CCO 程序运行下,管制员没有什么管制经验,在管制指挥过程中需要付出较大的认知努力,因此该程序下管制员的工作负荷大于正常程序下的工作负荷。

② 管制员的注视行为、扫视行为和眨眼行为在一定程度上可以反映管制员的工作负荷。

③ 随着航班数量的增加,一方面为了保持航班正常有序地运行,管制员需时刻注意航班的各种信息,直接导致管制员工作负荷的增大,从而使得管制员的平均注视

持续时间增加。另一方面,因为管制员搜索效率变低,从而导致管制员平均扫视持续时间增加,平均扫视速度下降,平均眨眼持续时间减小。

④ 随着任务时间的增加,管制员对实验场景越来越熟悉,管制员的平均注视持续时间减小,平均扫视持续时间增加,平均扫视速度增大;但是,在航班流量增加的前40 min 时间段内,管制员的工作负荷增加,从而导致管制员的平均注视持续时间增加,平均扫视持续时间增加,平均扫视速度减小。

⑤ 本次实验只采集了一名管制员的工作负荷和眼动数据,样本容量不足以得到较为准确的结论,因此若能增加实验的样本数量,则可以在一定程度上提高实验分析结果的准确性。

4.5　本章小结

本章的主要目的在于研究在不同管制场景下管制员的眼动行为和工作负荷的关系。基于此目的,设计了 5 种场景的模拟试验,采集管制员管制不同场景的工作负荷数据和眼动数据。本章主要从 3 个方面展开:① 分析管制员在不同场景下的工作负荷差异;② 分析场景复杂性对管制员眼动行为的影响;③ 分析任务时间对管制员眼动行为的影响。结果发现,管制指挥使用的程序和方案不同,虽然管制员的工作负荷不同,但是管制员的眼动指标基本没有变化;航班流量的增加会使管制员的工作负荷增大,也会导致管制员的眼动指标发生相应的改变。

第 5 章　管制员眼动行为与注意力的关系

5.1　引　言

在空中交通管理领域中,管制员实时监视雷达屏幕,保持与飞行员的通话,获取航班信息,指挥交通。管制员主要依靠监视雷达屏幕和通话内容获取交通信息,根据对管制场景的整体把握,将注意力合理地分配在管制目标上,对其进行管制调配;生理指标能够反映管制员工作时的身体及精神状态,监测管制员是否处于正常的工作状态,是否符合上岗要求。眼动行为是管制员获取信息的主要方式,是注意力分配的主要表现形式,因此,研究管制员的眼动行为、生理指标及与注意力分配的关系,对保障航空运行安全、提高管制效率具有重要意义。

5.2　管制员注意力实验设计

航空器数量和速度对管制员的注意力有较大影响。因此,设置如下两个实验来研究管制员眼动行为与注意力行为的关系。

实验 1:航空器数量对注意力分配的影响。

实验 2:航空器速度对注意力分配的影响。

5.2.1　实验环境及过程

为了更准确地研究被试者在复杂管制场景中的注意力分配行为,检测管制员的反应能力,本实验采用 Python 模拟管制航班运行的实验场景。该实验场景根据管制员的工作环境进行模拟,分为不同流量和不同速度的两个模拟实验场景。实验过程中,通过计算机随机自动语音播报,被试者需要寻找目标航空器。实验操作简单,被试者易上手。模拟实验场景中,航空器信息包括航空器呼号、当前高度及目标高度。实验场景如图 5-1 所示。

为研究航空器数量和速度与管制员眼动的关系,对每位被试者进行 21 次实验。实验中航空器数量的选择范围为 4,6,8,…,16 架次,速度选择范围为 1、2、3 三个等级。在每个实验场景中,航空器都随机出现。在实验开始 10 s 之后,语音播报航空器呼号,被试者找到对应的呼号,用鼠标点击目标航空器或其附近的地方。实验画面会更新,不断重复上述操作。每个场景时长 6 min,实验中自动记录航空器信息、语

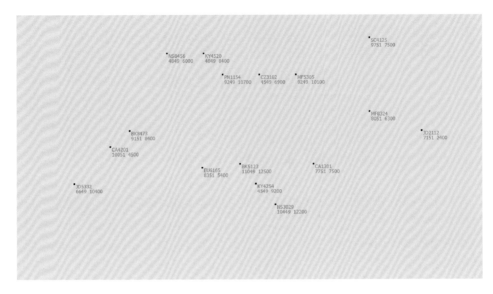

图 5 - 1　实验场景图

音播报开始时间、鼠标点击的时间以及被试者点击目标航空器的正确率。

5.2.2　采集仪器

实验采集仪器包括眼动仪和生物反馈,在实验平台上固定眼动仪,将生物反馈模块连接到被试者手臂上,调节眼动仪及生物反馈软件,使其能够准确采集被试者的眼动及生物数据。实验场景如图 5 - 2 所示。

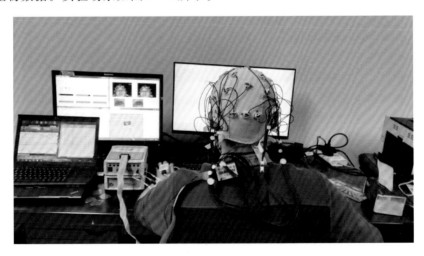

图 5 - 2　实验模拟场景图

生理数据采集仪器采用生物反馈 BFB2000 肌电和多参模块。生物反馈可以反馈的信息包括肌肉的紧张程度、皮肤的表面温度、脑电波活动、皮肤的导电量、血压和心率等。本实验主要利用生物反馈肌电、多参模块采集的生物信号,如肌电、皮温、皮电等。

5.2.3　实验采集样本

参与本次实验的被试者共 10 名,来自某地区空中交通管理局。被试者身体健康,无色盲、色弱。被试者自愿有偿参加实验。实验开始时,被试者情绪平稳,实验前没有进行剧烈活动。在实验过程中,所有被试者可以正常使用胳膊和腿,并允许配戴眼镜,其目的是尽量保证被试者的正常工作状态,以确保采集实验数据的客观真实性。

为保护个人隐私,被试者的个人相关信息被随机数据代替。

5.2.4　实验流程

实验的实施步骤可分为实验前的准备阶段、训练阶段、测试阶段及数据分析阶段,如图 5-3 所示。实验开始之前需要向被试者讲解实验过程及注意事项,待被试者熟悉实验场景后,记录实验数据。

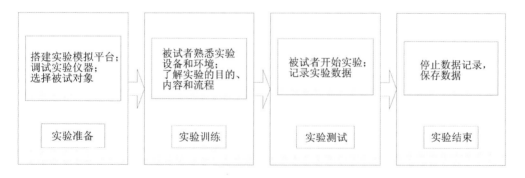

图 5-3　实验流程图

5.2.5　实验设备的调整

实验主要采集被试者眼动及生理数据,对数据的准确度及精确度具有很高的要求,因此,要准确合理地调整实验数据采集仪器。操作步骤如下:

第 1 步:将 faceLAB 眼动仪放置在计算机屏幕中线正下方;

第 2 步:为被试者建立 Stereo - Head 模型,并对其进行校准;

第 3 步:为被试者建立一个面部模型,对其进行校准;

第 4 步:在被试者手臂上戴肌电及多参模块,进行记录。

5.3　数据处理方法

5.3.1　眼动指标区分算法

本章实验眼动指标详细计算方法请参考 2.4 节。

5.3.2　生理指标预处理

生物反馈仪器的传感器极为敏感、精确,同时也能非常稳定地工件,无需进行滤波、降噪或归一化处理;但是在实验时,由于被试者手臂的移动会产生异常数值,因此,在数据分析时,需将该段时间内的异常数据进行移除。在实验过程中,被试者很容易将手臂移开桌子,进行与实验无关的活动,肌电数值就会变大,为保证各个数据时间节点的一致性,在移除肌电异常值时,应将该时间段内的其他生物反馈的数值进行移除。图 5-4 为采集的原始数据,图 5-5 为移除异常值后的结果。

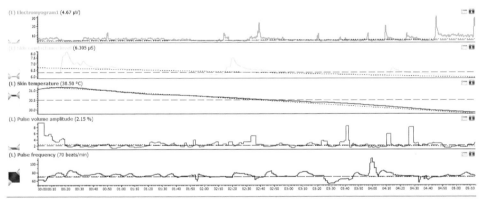

图 5-4　生物反馈原始数据

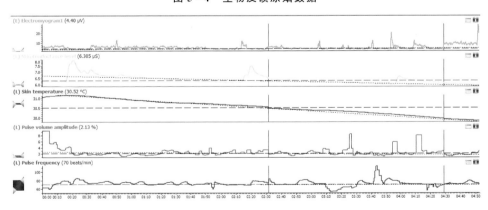

图 5-5　生物反馈处理后数据

5.4　眼动与生理系统的关联性

人体是一个复杂的系统,每个系统都有自己的调节机制,每个子系统之间不断地相互作用,一个系统的变化可以触发整个系统的变动。为了量化眼动系统与生理系统之间的相互作用,在此引入时间延迟稳定性(Time Delay Stability ,TDS)算法,用时间延迟稳定性来识别和量化眼动系统与生理系统之间的动态链接。若两类指标具有近似恒定的延迟时间段,则表明眼动系统与生理系统之间具有较强的关联性。Bashan 等人为研究睡眠阶段人的生理信号之间的关联网络,首次提出 TDS 算法。本章利用该算法计算眼动系统与生理系统之间的关联性,研究系统内部真实的关联信息,探索眼动指标发生变化时,生理指标随之发生变化的特征。

TDS 算法的计算步骤如下:

步骤 1:选取要研究的两个系统 X 和 Y,确定它们的输出信号分别是[x]和[y],且长度均为 N。

步骤 2:分别将[x]和[y]信号分成相等长度 L 的 N_L 重叠度段,每个子片段为 v,每个子片段 v 选择重叠 $L/2,N_L = [2N/L] - 1$。将每段 v 归一化为零均值和单位标准差,获得无量纲信号,确保信号[x]和[y]之间的估计耦合不受其相对幅度的影响。

步骤 3:通过周期性边界条件计算互相关函数:

$$C_{xy}^v(\tau) = \frac{1}{L}\sum_{i=1}^{L} x_{i+(v-1)L/2}^v y_{i+(v-1)L/2+\tau}^v \tag{5-1}$$

式中,$v=1,\cdots,N_L$,对于每段 v,定义一个时间延迟 τ_0^v 作为互相关函数 $C_{xy}^v(\tau)$ 绝对值最大时对应的 $\tau_0^v = \tau |_{|C_{xy}^v(\tau)| \geq |C_{xy}^v\tau'| \forall \tau'}$,所以,两信号相互联系的稳定时间周期由新定义的时间延迟序列 $\{\tau_0^v\}_{v=1,\cdots,N_L}$ 中近似恒定的 τ_0 表示。

如果两个系统之间相应的信号在连续的几个子片段 v 中时间延迟不变(不超过 ±1 s),则为相互关联;如果得出的 $\{\tau_0^v\}$ 至少有 4～5 个连续的子片段 v 时间延迟保持在 $[\tau_0-1,\tau_0+1]$ 中,则为稳定相关。

根据 TDS 算法计算眼动系统和生理系统之间的关联性,由于眼动系统中注视和扫视行为指标需要对采集的眼动数据进行计算才可获得,所以,为了计算的准确性和精确性,采用眼动仪直接获取的瞳孔直径、眨眼频率等指标及生理指标进行计算,获得了各个指标之间的时间延迟特征。

如图 5-6 所示为瞳孔直径与生理指标之间的时间延迟分布。其中横坐标表示时间节点,纵坐标表示延迟的时间。在图 5-6(a)中,可以看出第 45～180 s 这段时间内,瞳孔直径的大小发生了变化,肌电也随之发生了变化,并具有稳定的时间延迟 2 s。虽然在 95～115 s 中间有几个波动,但其影响可以忽略。以上现象说明,在瞳孔直径发生变化之后的 2 s,肌电也发生了稳定变化,且持续时间较长。

在图 5-6(b)中,第 45～140 s 时间段内,瞳孔直径发生变化延迟 2 s 后脉搏也随之变化,且信号变化较稳定。在图 5-6(c)中,第 40～120 s 时间段内,皮温在瞳孔直径发生变化 6 s 后也发生变化,其他时间段内皮温变化延迟的时间波动较大。在图 5-6(d)中,第 15～175 s 时间段内,延迟时间基本稳定在 4 s,说明瞳孔直径发生变化后,皮电在该时间段内延迟 4 s 后发生变化。从图 5-6 中发现,基本在 45～120 s 这段时间内,瞳孔直径的变化都会引起生理指标的稳定延迟变化,说明瞳孔直径与生理指标之间的联系较为紧密。

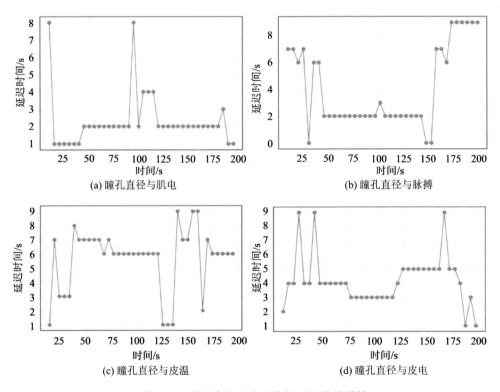

(a) 瞳孔直径与肌电

(b) 瞳孔直径与脉搏

(c) 瞳孔直径与皮温

(d) 瞳孔直径与皮电

图 5-6　瞳孔直径与生理指标之间的关联性

图 5-7 为眨眼频率发生变化后皮温、肌电随之延迟的时间变化关系。其中,横坐标表示时间节点,纵坐标表示延迟时间。在图 5-7(a)中,当眨眼频率发生变化后,第 80～160 s 时间段内,皮温延迟 7 s 再随之发生稳定变化,其他时间段内当眨眼频率发生变化时,皮温也会发生变化,没有明显的时间延迟。在图 5-7(b)中,第 60～155 s 时间段内,肌电延迟变化稳定在 4 s 左右,持续时间较长。从图 5-7 可以看出,眨眼频率与生理指标之间的关联性也较大。

眼动行为中瞳孔直径、眨眼频率两指标与生理系统中肌电、皮电、皮温等指标有较强的关联性。因此,利用眼动系统得出的注视行为、扫视行为和生理指标进行综合分析,更能体现人的生理、心理状态,表征人的注意力分配的特征。

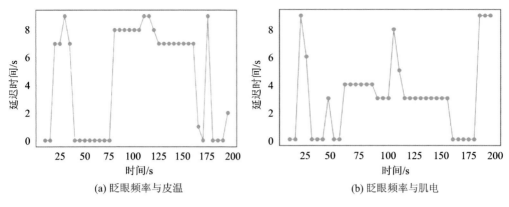

(a) 眨眼频率与皮温　　　　　　　　　　(b) 眨眼频率与肌电

图 5 - 7　眨眼频率与生理指标之间的关联性

5.5　注意力分配的变化特性

5.5.1　眼动及生理指标特征

注视行为能够反映出管制员获取航空器信息的难易程度,或者对某兴趣区比较重视,分配较多的注意力,持续关注该目标;与注视行为相比,扫视行为更能够反映出管制员应对变化的管制场景的能力,体现出管制员追踪目标的能力、视觉搜索及注意力分配的策略。肌电信号反映了管制员肌肉的收缩状况,从而反映管制员紧张焦虑的状况;相比于肌电的变化,皮电和皮温都是交感神经活动引起的变化,更能够反映管制员的生理状态。图 5 - 8 给出了管制员在航空器不同数量时眼动及生理指标的变化特征,图中横坐标表示航空器数量的变化,纵坐标分别表示注视持续时间、注视点个数、扫视角速度、扫视持续时间、肌电、皮电和皮温。

当航空器数量较少时,从图 5 - 8(e)、(f)、(g)可以看出,生理指标肌电、皮电信号处于较小的数值,而皮温数值较大,说明管制员处于相对放松的状态,能够轻松应对当前的管制环境。图 5 - 8(a)反映了管制员的注视持续时间较长,有足够的时间将注意力分配到航空器所在的位置,利用较长的注视持续时间关注航空器,获取航空器的信息。图 5 - 8(b)显示注视点的个数较少,当前的管制场景较为单调,航空器的运行状态清晰,管制员仅需保证场景内航空器的安全运行,因此产生的注视点个数较少。图 5 - 8(c)扫视角速度较小,而(d)扫视持续时间较长,说明管制员为了获取管制场景中的信息,需要不断扫视,管制场景密度较小,所以管制员具有较长的扫视路径才能捕捉到航空器,需要花费较长的扫视持续时间;扫视角速度反映了管制员搜索目标的效率,管制员面对目前的管制场景,无需很快的扫视角速度,即可获取当前的场景信息。因此,当航空器数量较少时,说明管制员处于相对轻松的状态,扫视角速

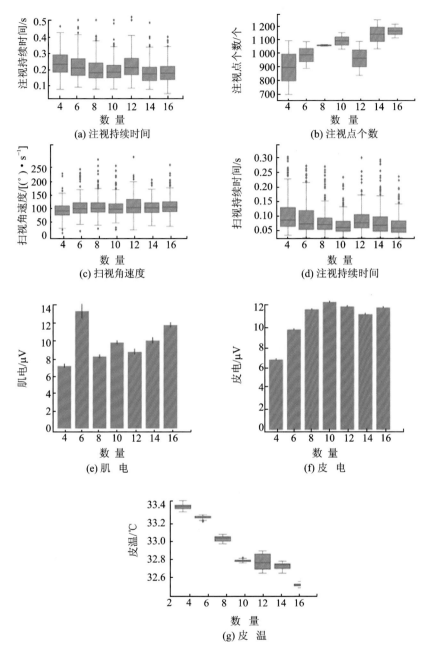

图 5-8　眼动及生理指标的变化

度较小,在各注视点之间来回扫视,花费了大量的扫视持续时间,将大部分注意力分配给了航空器,并不断进行视觉搜索,获取航空器的实时信息,关注着管制场景的运行。

在管制过程中,随着管制区域航空器数量的增多,管制场景错综复杂,当前的管制环境对管制员具有一定的挑战性。管制工作量增加,认知负荷增加,肌电、皮电信号增加,皮温下降,说明多个肌纤维兴奋放电,交感神经处于兴奋状态,管制员正处于高度紧张的状态。为了保证管制区域的安全运行,快速应对环境变化,管制员会及时调整眼动行为,快速扫视整个管制场景,同时在各个航空器之间进行扫视。为了高效地获取各个航空器的有效信息,管制员减小扫视持续时间,并不断增大扫视角速度,减小注视持续时间,将注意力合理地分配到各个航空器。虽然管制场景变得复杂,获取场景信息有一定的难度,但是管制员通过短时间的注视以及对航空器信息的记忆,并不断地调整注意力的分配,多次重复关注目标,对运行航空器有选择性地增加注视点的个数,就能确保在动态变化的管制场景中达到高效率的信息检索水平。航空器数量增多,说明管制员处于紧张的工作状态,快速地进行视觉搜索,将注意力分配到场景中任何可能包含有效信息的区域或场景复杂的区域。

5.5.2　显著性分析

根据 5.5.1 小节的分析结果可知,在航空器数量不同的场景下,管制员眼动及生理指标存在显著性差异。本小节利用统计分析方法对管制员在各个模拟场景中的眼动及生理指标进行显著性检验,利用单因素方差分析,判断航空器数量对管制员注意力分配影响的差异性。

如表 5-1 所列,经过单因素方差齐次性检验发现,注视持续时间、注视点个数和扫视角速度指标满足方差分析的前提条件——方差齐次($p > 0.05$),则对这些指标进行方差分析;而扫视持续时间、肌电、皮电、皮温指标方差不齐次($p < 0.05$),则不满足方差分析的使用条件。为了探索航空器数量对上述各个指标的影响,采用非参数检验对不满足方差分析条件的指标进行显著性差异分析。在各个管制场景中采集的眼动及生理指标,都具有样本独立性,因此选取 Kruskal-Wallis 多样本检验方法对扫视持续时间、肌电、皮电、皮温进行显著性检验。

利用方差分析和 Kruskal-Wallis 检验计算航空器数量对眼动及生理指标的显著性影响,所得结果如表 5-2 和表 5-3 所列。在不同航空器数量下,注视持续时间、注视点个数和扫视角速度具有显著差异($p < 0.05$),扫视持续时间、肌电、皮电和皮温也具有显著性差异,渐进显著性小于 0.05。结合 5.3.1 小节眼动及生理指标的整体变化趋势图可得结论:随着航空器数量的增加,注视持续时间、扫视持续时间和皮温减小,注视点个数、扫视角速度、肌电和皮电增大。这说明随着航空器数量的增加,管制员充分调动自身积极性,通过提高扫视角速度对多个航空器进行搜索,减小注视持续时间、增加注视点的个数,以关注每架航空器的运行状态。

表 5 - 1　方差齐次性同质性检验

眼动及生理指标	Levene 统计量	df1	df2	显著性
注视持续时间	0.794	6	1 678	0.575
注视点个数	0.863	6	1 678	0.522
扫视角速度	1.690	6	1 682	0.120
扫视持续时间	59.885	6	1 682	0.000
肌电	130.898	6	1 876	0.000
皮电	43.187	6	1 876	0.000
皮温	203.755	6	1 876	0.000

表 5 - 2　方差分析结果

眼动及生理指标		航空器数量							F	p
		4	6	8	10	12	14	16		
注视持续时间	$\bar{x}$	0.191 2	0.173 3	0.172 4	0.177 6	0.168 0	0.171 2	0.173 3	3.945	0.001
	s	0.064 0	0.059 9	0.063 5	0.059 1	0.060 8	0.060 0	0.057 9		
注视点个数	$\bar{x}$	4.248	3.924	4.223	4.210	3.750	4.147	4.304	5.827	0.000
	s	1.247 0	1.211 1	1.407 0	1.305 3	1.258 4	1.244 2	1.294 1		
扫视角速度	$\bar{x}$	102.305 0	96.559 3	88.905 7	91.522 3	95.754 4	89.660 1	88.402 4	4.452	0.00
	s	38.779 3	40.422 0	37.955 9	33.190 5	43.210 1	38.509 2	36.762 6		

表 5 - 3　Kruskal - Wallis 检验结果

类 别	扫视持续时间	肌电	皮电	皮温
卡方	105.477	920.420	1 395.322	1 593.194
自由度	6	6	6	6
渐近显著性	0.000	0.000	0.000	0.000

5.5.3　多重分形去趋势波分析

眼动及生理信号在采集过程中会有大大小小不同的波动,其间蕴藏着大量反映管制员注意力分配的特征信息,合理利用表征管制员注意力分配变化特征的各个指标的多重信息,对管制员的工作意图进行识别和预测具有重要的意义。实际实验过程中采集到的各种信号混杂着一些干扰信息趋势,必须消除原始信号的干扰趋势波,才能更好地呈现各个信号的自相似特征,获取各个信号波形的变化特征。多重分形去趋势波分析(Multi-Fractal Detrended Fluctuation Analysis,MF - DFA)是分析波形复杂度的一种方法,它能够揭示隐藏在信号内部的信息和局部波动信息,利用多重分形奇异谱分析描述管制员注意力分配的不同层面、角度的变化特征,揭示内部的行为动力学信息。MF - DFA 计算过程如下：

步骤 1：取长度为 N 的时间序列 $[x_k]$，$k=1,2,\cdots,N$，求该序列的均值：

$$\bar{x} = \frac{1}{N}\sum_{k=1}^{N} x_k$$

步骤 2：构造去均值的和序列，确定其累积离差：

$$Y(i) = \sum_{k=1}^{i}(x_k - \bar{x}), \quad i=1,2,\cdots,N$$

步骤 3：将新生成的 $Y(i)$ 序列划分成 N_s 个互不相同的区间，每个区间含有 s 个数据，其中 $N_s = \text{int}(N/s)$。由于序列长度 N 不一定是时间尺度 s 的倍数，故 $Y(i)$ 序列就会有一段数据剩余。为了保证剩余数据也被计算在内，从序列 $Y(i)$ 的尾部开始重复数据分割过程，最后得到 $2N_s$ 个区间。

步骤 4：对于划分的每个小区间 v（$v=1,2,\cdots,2N_s$）内的 s 个数据，利用最小二乘法进行多项式拟合，得到 k 阶拟合多项式为

$$y_v(i) = a_1 i^k + a_2 i^{k-1} + \cdots + a_k i + a_{k+1}, \quad i=1,2,\cdots,s; k=1,2,\cdots$$

步骤 5：计算均方误差 $F^2(s,v)$，计算区间为 v（$v=1,2,\cdots,2N_s$）。

当 $v=1,2,\cdots,N_s$ 时，有

$$F^2(s,v) = \frac{1}{s}\sum_{i=1}^{s}\{Y[(v-1)s+i] - y_v(i)\}^2$$

当 $v=N_s+1,N_s+2,\cdots,2N_s$ 时，有

$$F^2(s,v) = \frac{1}{s}\sum_{i=1}^{s}\{Y[N-(v-N_s)s+i] - y_v(i)\}^2$$

步骤 6：计算去趋势后的 $F^2(s,v)$ 均值，求取 q 阶波动函数 $F_q(s)$：

当 $q=0$ 时，波动函数为

$$F_0(s) = \exp\left\{\frac{1}{4N_s}\sum_{v=1}^{2N_s}\ln[F^2(s,v)]\right\} \sim s^{h(0)}$$

当 $q\neq 0$ 时，波动函数为

$$F_q(s) = \left\{\frac{1}{2N_s}\sum_{v=1}^{2N_s}[F^2(s,v)]^{\frac{q}{2}}\right\}^{\frac{1}{q}}$$

式中，式 $F_q(s)$ 是序列数据长度 s 和阶数 q 的函数，表示不同的 q 描述信号不同波动程度对 $F_q(s)$ 的影响，$F_q(s)$ 随着 s 的增大呈幂律增长，其关系为

$$F_q(s) \propto s^{h(q)}$$

式中，$h(q)$ 称为广义 Hurst 指数，即为 $\log F_q(s) \sim \log$ 函数式中的变化斜率，当 $q=2$ 时，MF - DFA 就变为 DFA。当所选序列 $[x_k]$，$k=1,2,\cdots,N$ 为单一分形时，$F^2(s,v)$ 在所选区间标度行为一致，使 $h(q)$ 成为独立于 q 的常数；当 $h(q)$ 为随 q 变化的函数时，则表明该序列具有多重分形特征。

但是，上述 MF - DFA 描述方法只能确定广义 Hurst 指数 $h(q)$ 为正时的信号性

质。当 $h(q)$ 趋近于 0 时,该信号就会表现出较强的逆相关,这时 MF – DFA 算法不能准确地分析信号的性质,需要修正 MF – DFA 算法。最简单的修正方法是:在 MF – DFA 算法过程的第一步求两次累积离差:

$$\tilde{Y}(i) \equiv \sum_{k=1}^{i} [Y(k) - \bar{Y}]$$

式中,$\bar{Y}$ 为第一次求取的累积离差均值。后面计算步骤如上所述,得到广义波动函数

$$\tilde{F}_q(s) \sim s^{\tilde{h}(q)} = s^{h(q)+1}$$

对于大标度有

$$\tilde{h}(q) = h(q) + 1$$

时间序列的广义 Hurst 指数和多重分形理论中的标度指数 $\tau(q)$ 之间满足:

$$\tau(q) = qh(q) - 1$$

根据勒让德变换:

$$\alpha = \tau'(q)$$

和

$$f(\alpha) = q\alpha - \tau(q)\alpha = \tau'(q)$$

可以得出 $\tau(q)$、α 和多重分形谱 $f(\alpha)$ 之间的关系:

$$\alpha = h(q) + qh'(q) = h(q) + q \frac{\mathrm{d}h(q)}{\mathrm{d}q}\alpha = \tau'(q)$$

和

$$f(\alpha) = q[\alpha - h(q)] + 1$$

在 MF – DFA 中各个参数表征含义如下。

(1) Hurst 指数

Hurst 指数能够反映某时间序列的自相似性和长程相关性。自相似性是指某时间序列从不同尺度来看,其波动具有相似性;长程相关性表明了时间序列信号在某时间间隔内两数据具有统计相关性,反映了信号内部的波动特性。对于某时间序列:

① 当 $q=2$ 时,$h(2)$ 成为经典的 Hurst 指数,$h(q)$ 的大小反映了离散时间序列的相关程度。$H < 0.5$,表明序列长程负相关;$H = 0.5$,表明序列为一随机过程或短程相关;$H > 0.5$,表明序列长程正相关。

② $\Delta h(q) = h(q_{min}) - h(q_{max})$,其中 $h(q_{min})$ 表示阶数 q 为最小值时所对应的 Hurst 指数,$h(q_{max})$ 表示阶数 q 为最大值时所对应的 Hurst 指数。$\Delta h(q)$ 可用来度量时间序列信号多重分形特征的强弱程度,$\Delta h(q)$ 值越大,表明其多重分形特征性越强。

③ $\overline{h(q)} = \frac{1}{N} \sum_{i=1}^{N} h(i)$,$\overline{h(q)}$ 的大小表明了时间序列信号的平均相关程度。

(2) 奇异指数 α 和分形维数 $f(\alpha)$

奇异指数 α 反映了分形序列在某局部概率测试分布上的不均匀程度,奇异谱

$f(\alpha)$是奇异指数 α 的分维函数,形状一般为单峰拱形。由 α 与 $f(\alpha)$ 得出描述多重分形谱的参数,这些参数能够精确地表达多重分形时间序列的动力学行为。

① 奇异指数 α 越小,说明信号局部奇异性越强,即信号局部变化越强烈;相反,α越大,说明该信号局部奇异性越弱,信号越平滑,因而 α 在一定程度上也反映了信号的局部变化剧烈程度。

② 多重分形谱宽 $\Delta\alpha = \alpha_{max} - \alpha_{min}$,$\Delta\alpha$ 表示了信号多重分形性的强弱,$\Delta\alpha$ 越大,则时间序列的概率测度分布得越不均匀,振动得越剧烈,可以反映眼动及生理信号波动的剧烈程度和分布的复杂性。

③ 最大、最小概率子集维数差别 $\Delta f = f(\alpha_{max}) - f(\alpha_{min})$。$\Delta f$ 反映了概率测度所构成的子集中处于波峰和波谷处元素数量的比例,利用 Δf 可以度量信号中波动平稳与波动剧烈峰值数目的比例,$\Delta f > 0$ 说明振动信号较多位于波峰,$\Delta f < 0$ 说明振动信号较多位于波谷。

④ 多重分形谱 $f_{max}(\alpha)$ 对应的奇异值 α_0 描述了信号的不规则性。

眼动及生理指标在实验过程中并不是线性变化的,4.4.2 小节只是显示了各个指标的整体变化趋势,各个指标波形变化差异较大。根据显著性检验分析结果,进一步采用事后检验分析各个指标分别在两两数量之间是否均存在显著性差异,结果显示存在一些相邻数量之间没有显著性差异的组,因此,分析各个指标的多重分形特征时选取航空器数量分别为 4、8、12、16 时的各个指标信号数据,MF – DFA 方法中波动函数取值范围为 $[-20, 20]$。

1. 眼动信号

(1) 注视持续时间

图 5-9 为不同数量下注视持续时间序列 $F_q(s) - s$ 的双对数图,各个子图中的曲线自上而下,其阶数 q 逐渐减小,各个曲线的斜率构成了图 5-10(a) 广义 Hurst指数曲线。当 q 从 -20 增加到 $+20$ 时,注视持续时间的广义 Hurst 指数 $h(q)$ 曲线均依赖 q 而下降,即 $h(q)$ 不为常数,说明注视持续时间存在显著的多重分形特征,且其波动函数符合幂律分布。

从图 5-10(a) 中可以看出,注视持续时间在不同航空器数量下的广义 Hurst 指数具有不同的形状和值域,$\Delta h(q)$ 的值也明显不同。如表 5-4 所列,随着航空器数量的增加,$\Delta h(q)$ 值越来越大,说明注视持续时间的波形随着航空器数量的增加,多重分形越来越强。当航空器数量增至 16 时,$\overline{h(q)} > 0.5$,整体呈现长程正相关,该变化并不是一个随机过程,过去的特性变化影响现在和未来序列的特性变化。因此,说明航空器数量较少时,注视持续时间是负相关的,随后时间段内会有较大波动,并与现在相反;航空器数量较多时,注视持续时间存在正相关性,且在一定时间内不会出现大的变动。

根据多重分形理论分析,奇异指数 α 反映了信号局部变化的趋势。由图 5-10(b) 多重分形奇异谱和表 5-4 可知,随着航空器数量的增加,多重分形谱宽 $\Delta\alpha$ 值逐渐增加,而分形维数差 Δf 逐渐减小,且小于零,说明注视持续时间局部变化越强烈,波动幅度越大,信号多处于波谷,且随着航空器数量的增加分布复杂性增加,多重分形越显著。当航空器数量为 8 时,可能是一些个体差异,导致眼动行为有所差别;但随着航空器数量的增加,注视持续时间总体变化是符合规律的。

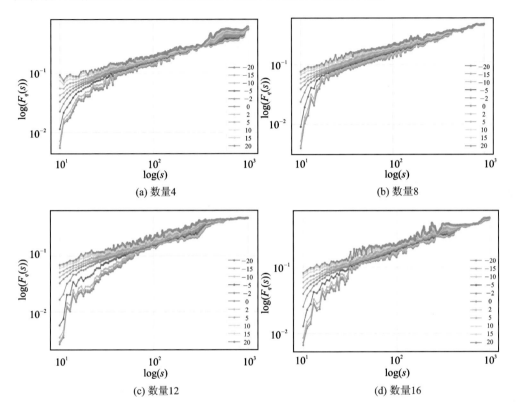

(a) 数量4　　　　　　　　　　　　　　　(b) 数量8

(c) 数量12　　　　　　　　　　　　　　(d) 数量16

图 5-9　不同航空器数量下注视持续时间的波动函数图

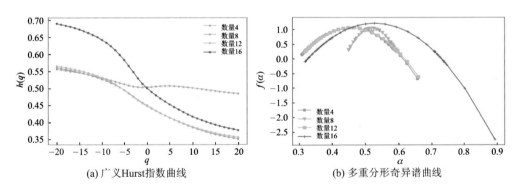

(a) 广义Hurst指数曲线　　　　　　　　(b) 多重分形奇异谱曲线

图 5-10　不同航空器数量下注视持续时间的广义 Hurst 指数和奇异谱曲线

表 5 - 4　不同航空器数量下注视持续时间 MF - DFA 参数

数量 参数	4	8	12	16
$\overline{h(q)}$	0.455 8	0.515 1	0.458 0	0.525 8
Δh	0.208 5	0.072 1	0.208 6	0.311 9
α_0	0.450 0	0.518 4	0.465 3	0.528 7
$\Delta \alpha$	0.347 3	0.137 5	0.341 9	0.575 5
Δf	−0.828 9	0.080 9	−0.865 7	−2.665 5

（2）扫视角速度

由 $F_q(s) - s$ 的双对数图得到图 5 - 11(a) 广义 Hurst 指数曲线，随着阶数 q 的增大，$h(q)$ 逐渐减小，说明扫视角速度序列的波动函数符合幂律分布。结合表 5 - 5 可知，随着航空器数量的增加，$\Delta h(q)$ 逐渐减小，说明扫视角速度的多重分形越来越弱；$\overline{h(q)} > 0.5$，表明扫视角速度序列总体呈现长程正相关。因此，可以表明扫视角速度在一定时间段内会继续保持目前的变化状态，随着航空器数量的增加，多重分形强度减弱。

根据表 5 - 5 显示的多重分形谱参数，随着航空器数量的增加，$\Delta \alpha$ 基本呈现递减趋势，而 Δf 都小于零，说明扫视角速度信号多处于波谷，奇异性减弱，信号逐渐平滑，复杂性降低。

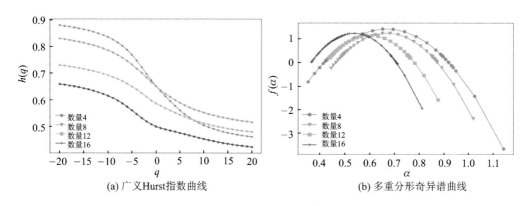

(a) 广义Hurst指数曲线　　　　　　　(b) 多重分形奇异谱曲线

图 5 - 11　不同航空器数量下扫视角速度的广义 Hurst 指数和奇异谱曲线

表 5 - 5　不同航空器数量下扫视角速度 MF - DFA 参数

数量 参数	4	8	12	16
$\overline{h(q)}$	0.666 7	0.665 9	0.599 9	0.528 3
Δh	0.419 2	0.313 2	0.250 7	0.235 9
α_0	0.652 0	0.682 1	0.608 4	0.540 0

数量 参数	4	8	12	16
$\Delta\alpha$	0.788 2	0.572 9	0.437 8	0.443 9
Δf	−2.832 9	−2.140 4	−1.786 2	−1.961 9

(3) 扫视持续时间

根据波动函数可得图 5 - 12(a)广义 Hurst 指数曲线,且随着 q 的增加,广义 Hurst 指数 $h(q)$ 逐渐减小,并非常数,说明扫视持续时间序列的波动函数符合幂律分布,该序列具有多重分形特性。由表 5 - 6 可知,$\overline{h(q)} > 0.5$,表示扫视持续时间呈整体正相关变化;多重分形谱宽 $\Delta\alpha$ 随总数量的增加而减小,说明扫视持续时间信号奇异性减小,波动程度较平缓,多重分形减弱,复杂性降低,且未来一段时间内变化趋势与现在一致。

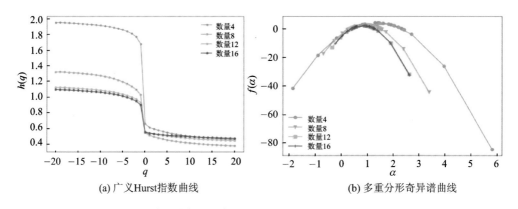

(a) 广义Hurst指数曲线　　　　　　　(b) 多重分形奇异谱曲线

图 5 - 12　不同航空器数量下扫视持续时间的广义 Hurst 指数和奇异谱曲线

表 5 - 6　不同航空器数量下扫视持续时间 MF - DFA 参数

数量 参数	4	8	12	16
$\overline{h(q)}$	1.164 4	0.809 2	0.757 1	0.760 3
Δh	1.495 9	0.946 5	0.683 5	0.623 3
α_0	1.404 9	0.995 0	0.892 1	0.855 2
$\Delta\alpha$	5.804 1	3.072 6	2.255 2	2.835 3
Δf	15.646 6	3.374 8	3.023 4	−22.238 7

2. 生理信号

(1) 肌　电

广义 Hurst 指数曲线如图 5 - 13(a)所示,由波动函数的变化可得,$h(q)$ 随着阶

数 q 的增加而减小，$h(q)$ 均大于 0.5，说明肌电信号符合幂律分布，也具有长程正相关性和多重分形特性；由表 5-7 可知，Δh 逐渐减小，说明肌电信号随数量的增加多重分形特征强度减弱。图 5-13(b) 所示多重分形奇异谱的谱宽 $\Delta \alpha$ 随着航空器数量的增加而减小，说明肌电信号总体变化为局部波动且逐渐趋于平滑，分形复杂性降低，多重分形特征减弱，且符合长程正相关变化。

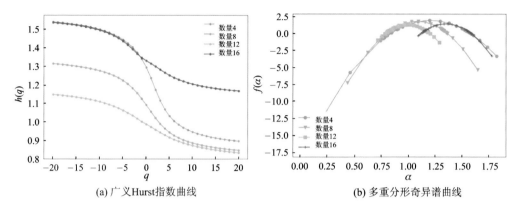

(a) 广义Hurst指数曲线　　　　　　　　(b) 多重分形奇异谱曲线

图 5-13　不同航空器数量下肌电的广义 Hurst 指数和奇异谱曲线

表 5-7　不同航空器数量下肌电 MF-DFA 参数

数量 参数	4	8	12	16
$\overline{h(q)}$	1.232 5	1.081 5	0.989 0	1.345 5
Δh	0.644 3	0.467 9	0.313 6	0.369 7
α_0	1.194 1	1.089 6	0.986 2	1.364 3
$\Delta \alpha$	1.794 4	1.212 3	0.572 2	0.690 8
Δf	13.867 8	1.930 5	−0.358 0	−2.941 8

(2) 皮　电

由波动函数得到了图 5-14(a) 中的 $h(q)$ 曲线，不同数量下的广义 Hurst 指数具有不同位置和值域，且均随着 q 的增加而减小，$h(q)$ 值均大于 1，说明皮电信号具有长程正相关性，符合长程幂律分布，也存在多重分形特性；而 Δh 逐渐减小，表明皮电信号随着数量的增加，多重分形特征减弱。如图 5-14(b) 所示多重分形奇异谱的谱宽 $\Delta \alpha$ 随航空器数量的增加而减小，分形维数 Δf 均大于零，说明皮电信号大部分位于波峰，随着数量的增加，该信号的多重分形性减弱，局部波动程度也越弱，逐渐平滑，且未来时间段内该信号变化可能与现在变化特征一致。

表 5-8 为不同航空器数量下皮电 MF-DFA 参数。

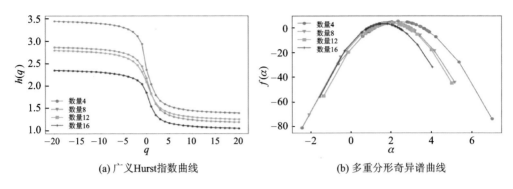

(a) 广义Hurst指数曲线　　　　　　　　(b) 多重分形奇异谱曲线

图 5-14　不同航空器数量下皮电的广义 Hurst 指数和奇异谱曲线

表 5-8　不同航空器数量下皮电 MF-DFA 参数

参　数 ＼ 数　量	4	8	12	16
$\overline{h(q)}$	2.424 1	2.042 7	2.028 2	1.709 1
Δh	2.047 6	1.673 1	1.537 6	1.296 1
α_0	2.356 7	1.740 1	2.085 3	1.481 9
$\Delta \alpha$	9.455 6	7.260 1	6.390 1	5.614 6
Δf	7.266 5	26.331 5	10.465 7	24.037 9

(3) 皮　温

　　如图 5-15 所示的波动函数为航空器数量是 6 时的波动函数和广义 Hurst 指数。在 $q > 0$ 时,波动函数基本处于平行状态,即 $h(q)$ 为一常数,说明皮温信号不具备多重分形特性。

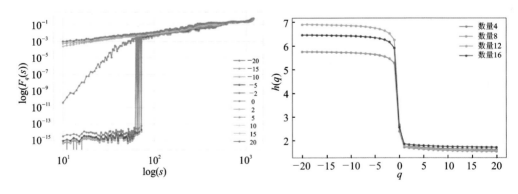

图 5-15　不同航空器数量下皮温的波动函数和广义 Hurst 指数

　　根据 MF-DFA 方法分析可知,注视持续时间、扫视角速度、扫视持续时间、肌电和皮电都具有多重分形特性,而皮温不具备多重分形特性。由 MF-DFA 方法得出的分析参数可判断各个指标的信号变化特征,利用 MF - DFA 方法可以得出各个信号在整个过程中的变化,也可预测未来一段时间内的信号变化,得出注意力分配的变化规律。提取各个参数特征值,对预测信号波形变化具有重要的意义。

5.6　注意力分配的分布特性分析

在管制过程中,管制员要时刻关注场景中航空器的运行及扇区内各个重要节点,通过视觉搜索获取信息管制场景中显示的重要信息。根据场景结构特征及管制员的管制策略,管制员会将注意力合理地分配在管制场景的各个区域。根据各个区域的重要性及包含信息的丰富度,有侧重地关注各个区域。因此,如何合理划分管制员的关注区域是研究管制员注意力分配的重要基础。

5.6.1　管制场景区域划分方法

管制扇区是管制员获取空中交通信息的主要区域,管制区域中管制员查看区域的划分方式对研究管制员注意力分配的准确性具有显著影响,应尽可能精确地划分管制员的查看区域。随着信息技术的高速发展,获取数据的手段也随之多样化,使得记录管制员各种行为数据成为可能。本节将利用数据挖掘技术中的聚类分析对管制区域进行划分,对管制员眼动数据与管制区域的交点坐标进行聚类,将管制区域划分为多个兴趣区(AOI)。兴趣区是多个注视点聚集的区域,该区域内注视点的个数多则说明被试者多次关注该区域,对该区域比较感兴趣;也可能表明该区域的重要性比较强,或者该区域的信息提取难度比较大,需要较多次的注视来获取信息。

5.6.2　基于 K - Means 聚类的管制区域划分

聚类分析是将数据样本按照某种性质划分为若干个子集,使每个子集内的数据之间的性质尽可能地相似,每个子集之间的数据性质尽可能相差很大。聚类分析被广泛应用在工程(如机械工程、机器学习)、生物医学、地球科学、经济学等各领域。聚类分析可大致分为系统聚类法和动态聚类法。系统聚类分析基于变量或者样品之间的远近,将最相似的数据点结合在一起,逐次聚合,分类变量,最后将所有变量聚成相似的一类;动态聚类是在已知样本类别的情况下,根据某一聚类方法将样本数据点按最短距离归类,并最后找出每一类聚类质心的方法。系统聚类法是一种简单、鲁棒性好且可靠性高的算法,但是其运行效率低下,样品数据太大时难以进行计算。但动态聚类法,尤其是 K - Means 聚类分析法,先对样本数据进行粗略分类,然后再进行修正,直到获得比较合理的分类为止。K - Means 聚类分析法的优点之一是简单,且能够有效地快速处理大量数据。

综合考虑以上优缺点,本章选择了 K - Means 聚类分析法。这个方法是一种动态聚类法。和其他聚类分析算法相比,K - Means 聚类分析法的计算效率高。该方法的中心思想是将数据分成 K 个类,并找出最佳数据的 K 个类质心,使数据中的数据点和其所在类的类中心的距离的平方和最小。本书根据坐标进行分类,即在二维空间中,运用 K - Means 聚类分析法可以简便有效地得到聚类结果。与其他聚类分析算法相比,K - Means 聚类法数据处理时间较短、聚类间的可覆盖性强、聚类结果可修正。因此,在分析管制员视线坐标数据时,使用 K - Means 聚类分析法,通常能得到理想的聚类结果。

本节将介绍如何利用 K - Means 聚类分析法研究管制员眼动数据坐标区域的划分,将其分成 K 个兴趣区。由于 K - Means 算法每次运行的聚类结果可能不同,聚类算法的评估方法基于"类内相似度尽可能大,而类间相似度尽量小"的原则,从聚类之间的耦合性、离散度来考虑,从而表示结果的好坏。因此,预先确定 K - Means 聚类中唯一的输入参数即聚类个数是很重要的。

对于聚类的不同结果,聚类个数 K 的确定需要通过评估函数量化聚类结果的优劣。本章利用平方误差和(Sum of Squared Error,SSE)进行评估。当使用欧氏距离的倒数衡量数据间的相似度时,SSE 是很好的评估标准,SSE 也称作离散度。SSE 是每个数据记录点与聚类中心距离的平方,其函数表达式为

$$SSE = \sum_{i=1}^{K} \sum_{x \in C_i} dist(c_i, x)^2$$

式中,x 为数据记录点,C_i 为第 i 个聚类,c_i 为聚类 C_i 的聚类质心,K 为聚类个数。

利用平方误差和可以得出一个比较合理的聚类个数,但是管制场景的不确定性较大,对关注区域划分个数有时需要根据场景选取,不能完全根据 SSE 评估的 K 值进行计算。

当确定了聚类个数 K 后,K - Means 聚类算法大概的计算过程如图 5 - 16 所示。

算法 1：K–Means 算法

Input:聚类个数K

Ensure:

　　　　输出K 个聚类及其聚类质心

　　　　选择K 个点作为初始数据质心

For

　　　将所有数据点分到与其有着最相似的聚类质心的聚类中

　　　重新计算各个聚类的聚类质心

Until

　　　聚类质心和数据点所属聚类的关系不再变化或者达到期望的迭代次数

End

图 5 - 16　K - means 聚类算法流程图

5.6.3　眼动行为参数选取

管制员的眼动行为能够反映出对管制区域的关注。面对不同的管制场景,管制员的眼动行为具有不同的特性。第 4 章已经对比分析了各个眼动指标在航空器数量不同和速度不同的管制场景中整体的变化特征,但是并未对单个场景进行深入分析。在每一个管制场景中,通过分析眼动指标的特性,可以研究管制员在每个管制场景中各兴趣区的注意力分配状况,发现能够反映注意力分配的眼动行为的以下表征参数:

① 注视点持续时间:是指在某兴趣区域内各个注视点所占有的总时间,即管制员在兴趣区域内视线保持与屏幕交点不变的时间。注视点持续时间能够反映管制员提取场景信息所用的时间,同时也反映了管制员对该场景区域内信息获取的难易程度。当注视点持续时间较长时,说明该处的场景较为复杂,信息处理较为困难,管制员需要较长的时间理解场景意义才能获取关键信息。

② 注视点个数百分比:是指管制过程中管制员监视雷达时在某兴趣区内产生的注视点数量与所有兴趣区注视点个数的百分比。注视点个数百分比显示了管制员在管制过程中注视该兴趣区的频次,体现了管制员对该兴趣区较为关注,在一定程度上也反映了管制员的管制意图。统计分析管制员对某兴趣区的注视次数占比,可以得出管制员感兴趣的区域及关注目标,了解其注意力分配的状况,同时也对研究管制员的管制意图有一定的帮助。

③ 扫视时间百分比:是指管制员在某兴趣区内每两个注视点之间进行扫视所用的总时间与管制过程中所用总时间的比值。扫视时间百分比反映了管制员对该兴趣区的重视程度,将注意力转移至此区域,掌握该区域的场景意义,关系到航空器能否安全运行。

5.6.4　兴趣区内视觉特性分析

本小节内容主要针对每个特定场景进行兴趣区的划分,分析管制员在每个兴趣区内眼动行为参数的特征,探索其注意力分配的特点。实验中航空器数量最多设置为 16 架,但在 K - Means 聚类分析中,兴趣区内的特征提取分析不突出,所以,选取的管制场景包括 4 架航空器速度为 1 和 8 架航空器速度为 1 时的运行场景。

1. 航空器较少时管制运行场景特征分析

如图 5 - 17 所示,利用 SSE 可以得出聚类个数 K,K 值越大,划分的区域就会越细,每个聚类簇聚合程度就会越高,SSE 就会越小。当 K 值未达到实际适合的聚类个数时,随着 K 值的增大,每个聚类簇聚合程度也增加,SSE 下降程度较大;而当 K 值已达到实际适合的聚类个数时,K 值的增加会使得聚合程度回报减小,SSE 下降程度较小;K 值继续增加,使 SSE 趋于平缓。根据图 5 - 17 的结果,K 值可取 4,根据管制场景的特点,将区域划分为 4 个兴趣区也较为合理。

在图 5 - 18 中,(a)、(b)给出了实验过程中航空器的运行位置及眼动行为数据聚

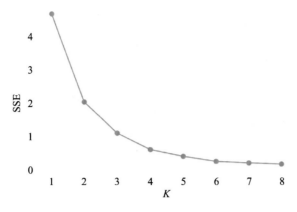

图 5 - 17　K – Means 最佳 K 值选择

类划分的兴趣区。可以看出,管制场景被划分为 4 个区域。表 5 - 9 给出了管制员在各个兴趣区内注视点持续时间、注视点个数百分比、扫视时间百分比的分布状况。管制员在管制过程中根据场景的变化调整注意力的分布,对比图 5 - 18(a)、(b),可以看出 AOI1 和 AOI2 内管制员的注视持续时间较长,并且在该区域内有 3 架航空器,说明这两个兴趣区内信息量丰富,提取信息也存在一定的难度。AOI3、AOI4 注视持续时间较短,且在 AOI3 内并没有航空器,在这两个兴趣区内包含的信息价值较小,分配的注意力也较小,但管制员需要对整个场景进行监控,注意力需要在各个兴趣区之间转换。AOI1 和 AOI2 内的注视点个数百分比总共占 72.34%,其他两个兴趣区所占百分比较小,管制员不断注视航空器所在区域,重点关注航空器的运行,掌握航空器实时的运行信息。为了在收到呼叫目标航空器的呼号后快速找到航空器,扫视时间百分比在 AOI1 和 AOI4 内较多,说明管制员对该兴趣区内的重视程度较高,并通过扫视行为获取航空器周围运行环境的状况。这说明管制员在速度较低、航空器较少的场景中,注意力主要分布在航空器运行区域,时刻关注着它们的运行

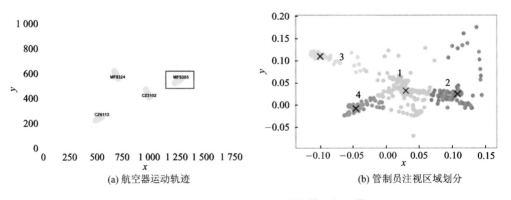

(a) 航空器运动轨迹　　　　　　　　(b) 管制员注视区域划分

图 5 - 18　速度为 1 时 4 架航空器运行场景

状况。

表 5 - 9　管制场景区域眼动行为指标汇总表(1)

眼动行为指标	AOI1	AOI2	AOI3	AOI4
注视点持续时间/s	6.563 1	2.154 3	1.703 4	1.085 5
注视点个数百分比/%	46.81	25.53	10.64	17.02
扫视时间百分比/%	8.83	4.89	3.94	6.08

2. 航空器较多时管制运行场景特征分析

虽然利用 SSE 得出的较为合适的聚类个数 K 值为 4,但是根据场景中航空器的个数及其分布,为了合理地研究每架航空器内的运行对管制员注意力的影响,将聚类个数 K 定为 8,以此研究每个兴趣区内的注意力的分配情况。

在图 5 - 19(a)、(b)中,根据聚类结果将管制场景划分为 8 个兴趣区。结合表 5 - 10 可以发现,管制员在 AOI1、AOI3、AOI6 和 AOI8 即管制场景右侧及 AOI2、AOI4 内注视持续时间较长。这说明在此区域内管制场景复杂,获取信息较难,需要较多地注视,以了解航空器运行机制,区分场景中的有效信息;在其他兴趣区域内航空器数量较少,注视点持续时间相对较少,说明管制员将注意力有侧重地分配在各个区域内。管制员根据场景变化调整注意力的分配,在 AOI3、AOI4、AOI6、AOI8 内的航空器都是相向运行,可能存在交叉运行,管制员通过对这些区域的往复注视,增加了注视点百分比,密切关注航空器的运行,避免其交叉运行遗漏关键信息;而其他区域可以轻松获取管制信息,关注就会相对减少,管制员时刻关注着航空器的运行。在 AOI4、AOI6、AOI8 内存在对头飞行的航空器,因此扫视时间百分比较大。这说明管制员通过扫视行为了解航空器的运行环境,将注意力主要分配在场景中航空器密集、存在交叉运行现象的区域。

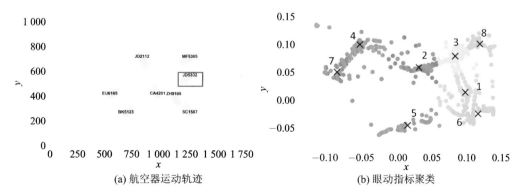

(a) 航空器运动轨迹　　　　　　(b) 眼动指标聚类

图 5 - 19　速度为 1 时 8 架航空器运行场景

表 5 - 10　管制场景区域眼动行为指标汇总表(2)

眼动行为指标	AOI1	AOI2	AOI3	AOI4	AOI5	AOI6	AOI7	AOI8
注视点持续时间/s	1.102 2	1.169	1.736 8	1.486 3	0.701 4	2.688 7	0.935 2	2.538 4
注视点个数百分比/%	10.61	10.61	18.18	15.15	4.55	15.15	9.09	16.67
扫视时间百分比/%	1.77	1.18	1.89	2.60	0.95	4.26	1.77	6.98

5.7　本章小结

　　本章首先研究了眼动和生理系统之间具有的较强关联性。之后从管制员注意力分配的变化特性和分布特性两方面分析了眼动和生理指标,研究了注意力分配在不同航空器数量时的特征。随着航空器数量的增加,根据生理指标的变化特征可以判断出管制员的紧张程度有所增加,认知复杂性也随之增加。为应对场景的变化,管制员不断地调整注意力的分配,转换眼动行为。同时,本章也验证了航空器数量对管制员注意力具有显著影响。随着航空器数量的增加,注视持续时间多重分形特性增强,信号波形复杂多变,扫视角速度、扫视持续时间、肌电和皮电多重分形特性减弱,信号波形趋于平滑。通过分析注意力分布特性,可以得出管制员对航空器数量较多的区域即信息量大的区域和存在交叉运行现象的区域会花费较多的注视点持续时间。因此,根据航空器数量的变化,可以获取注意力分配的变化特性和分布特性的参数值,从而能够以此来区分管制员管制场景中航空器数量状况,也为以后注意力预测模型提供数据参考。

第6章 航空器速度对管制员注意力分配的影响

第5章分析了航空器数量对注意力分配的影响,本章在此基础上从注意力分配的变化特征和分布特征两方面分析航空器速度对注意力分配的影响及特征。

6.1 注意力分配的变化特性

6.1.1 眼动及生理指标特征

航空器速度的变化对管制员的注意力分配也有一定的影响。图6-1给出了管制员在航空器不同速度下眼动及生理指标的变化特征,图中横坐标表示航空器速度的变化,纵坐标分别表示注视持续时间、注视点个数、扫视角速度、扫视持续时间、肌电、皮电和皮温。

当航空器速度较小时,管制员的认知负荷较小,面对管制模拟场景能够轻松地掌握整个运行环境,图6-1(e)、(f)、(g)显示出肌电、皮电、皮温信号较大,说明管制员身体各部分处于正常的工作状态下。图6-1(a)、(b)表明注视持续时间较短、注视点的个数较多,管制员能够在较短的注视持续时间内捕捉到航空器,确定航空器的位置,根据管制场景的运行,不断增加注视点的个数,在各个注视对象之间变换,通过多次注视,不断地调整注意力的分配。根据图6-1(c)、(d)展示的较短的扫视持续时间、较慢的扫视角速度进行目标搜索,就能对整个场景有较好的把握,获取航空器的位置,利用注视行为提取注视对象相关的信息,并不断地在管制对象之间进行扫视,掌握管制场景的运行状况。

随着航空器速度的增加,管制员对整个管制场景的认知复杂性虽然有所增加,但并未引起管制员的紧张感。如图6-1(e)、(f)、(g)肌电、皮电、皮温信号减小,管制员并未感觉到紧张,说明管制员能够从容应对航空器速度的增大。面对管制场景复杂性的增加,管制员也能及时调整注意力的分配方式。图6-1(a)、(b)表明注视持续时间增加、注视点个数减少,管制员需要花费较长的注视持续时间确定航空器的位置。为了快速获取信息,减少注视点个数,应增强对航空器信息的记忆,并不断增加扫视持续时间,对管制对象进行搜索。由于航空器速度较大,为保证准确捕捉到航空器,需增大扫视角速度,如图6-1(c)、(d)所示。因此,随着航空器速度的增加,管制员要能够冷静应对,有针对性地关注管制场景,并增大视觉搜索概率,密切关注航空器的运行。

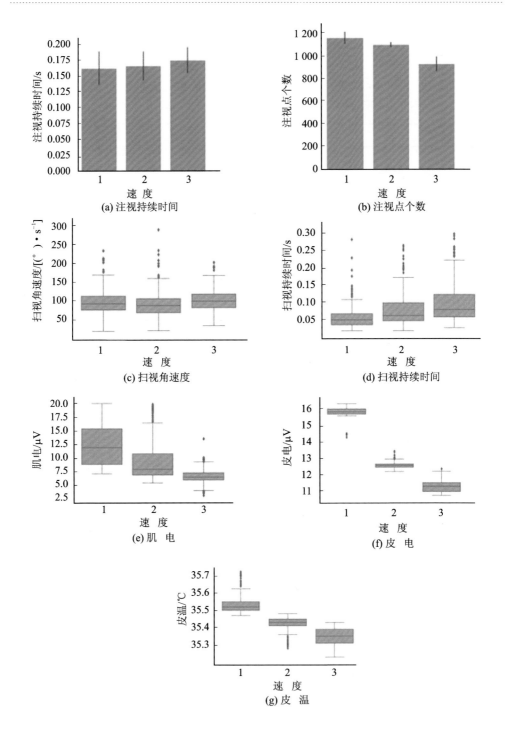

图 6 - 1　眼动及生理指标的变化

6.1.2　显著性分析

管制员眼动及生理指标在航空器速度不同的场景下具有显著的差异,可以利用方差分析判断各个指标是否具有统计学意义。从表 6 - 1 中可以看出,注视持续时间、注视点个数和扫视角速度方差齐次($p > 0.5$),可进行方差分析;而扫视持续时间、肌电、皮电、皮温方差不齐次($p < 0.05$),与不同数量航空器场景下计算结果相同。因此,对于不满足方差分析的指标应进行 Kruskal - Wallis 多样本检验,判断其显著性。

航空器速度对管制员注意力分配指标具有显著性的影响,计算结果如表 6 - 2 和表 6 - 3 所列。根据方差分析($p < 0.05$)和 Kruskal - Wallis 检验(渐进显著性小于0.05),在不同航空器速度下,注视持续时间、注视点个数、扫视角速度、扫视持续时间、肌电、皮电和皮温都存在显著性差异。结合 6.1.1 小节注意力分配指标的变化趋势,可以得出随着航空器速度的增加,注视持续时间、扫视角速度、扫视持续时间增加,而注视点个数、肌电、皮电和皮温减小,说明随着速度的增加,管制员沉着应对,增加扫视行为,提高搜索效率,增加对航空器的注视持续时间,减少注视点的个数,将注意力着重分配在某些航空器上。

表 6 - 1　方差齐次性同质性检验

眼动及生理指标	Levene 统计量	df1	df2	显著性
注视持续时间	2.711	2	763	0.067
注视点个数	0.402	2	763	0.669
扫视角速度	2.633	2	762	0.073
扫视持续时间	31.192	2	762	0.000
肌电	65.163	2	804	0.000
皮电	119.830	2	804	0.000
皮温	317.570	2	804	0.000

表 6 - 2　方差分析结果

眼动及生理指标		航空器速度			F	P
		1	2	3		
注视持续时间	$\bar{x}$	0.189 0	0.171 2	0.204 4	16.537	0.000
	s	0.065 4	0.060 0	0.068 1		
注视点个数	$\bar{x}$	4.394	4.147	4.222	2.536	0.080
	s	1.304 0	1.244 2	1.267 0		
扫视角速度	$\bar{x}$	97.335 5	89.660 1	101.389 6	7.402	0.001
	s	31.937 5	38.509 2	30.504 5		

表 6 - 3　Kruskal - Wallis 检验结果

类　别	扫视持续时间	肌　电	皮　电	皮　温
卡方	71.840	353.881	652.855	695.545
自由度	2	2	2	2
渐近显著性	0.000	0.000	0.000	0.000

6.1.3　多重分形去趋势波分析

1. 注视持续时间

注视持续时间的广义 Hurst 指数曲线如图 6 - 2(a)所示，$h(q)$ 值随着阶数 q 的增加逐渐减小，且随着速度的增大，$\Delta h(q)$ 波动越小，说明注视持续时间信号波动函数符合幂律分布，并具有多重分形特性，但多重分形特性随着速度的增加而逐渐增强。根据表 6 - 4 所示的 $\overline{h(q)}$ 小于 0.5，说明注视持续时间序列大致呈长程负相关，在一段时间内与现在的变化趋势相反。

注视持续时间序列的多重分形奇异谱曲线如图 6 - 2(b)所示，随着速度的增加，曲线谱宽越来越大，即表 6 - 4 中 $\Delta\alpha$ 的值越大，说明注视持续时间序列概率测度分布不均，多处于波谷位置，且多重分形性增强，局部振动剧烈，信号复杂性增加。

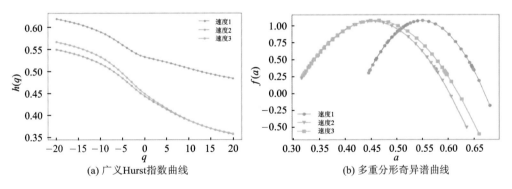

(a) 广义Hurst指数曲线　　　　　　(b) 多重分形奇异谱曲线

图 6 - 2　不同速度下注视持续时间的广义 Hurst 指数和奇异谱曲线

表 6 - 4　不同速度下注视持续时间 MF - DFA 参数

速度 ＼ 参数	1	2	3
$\overline{h(q)}$	0.545 0	0.450 1	0.458 0
$\Delta h(q)$	0.135 3	0.192 4	0.208 6
α_0	0.549 9	0.457 6	0.465 3
$\Delta\alpha$	0.236 4	0.320 1	0.341 9
Δf	-0.481 3	-0.726 8	-0.865 7

2. 扫视角速度

图 6-3(a)为扫视角速度的广义 Hurst 指数曲线，$h(q)$ 是阶数 q 的函数，随着 q 的变化而变化，且 $\Delta h(q)$ 随着速度的增加而增加，由表 6-5 可知，$\overline{h(q)}$ 均大于 0.5，说明扫视角速度信号波动函数满足幂律分布，具有长程正相关性。随着速度的增加，扫视角速度信号的多重分形特性逐渐增强。

从图 6-3(b)和表 6-5 中可以看出，随着速度的增加，多重分形奇异谱谱宽 $\Delta\alpha$ 越宽，奇异性增强，且 Δf 值逐渐小于零，说明扫视角速度信号多处于波谷状态，局部波动越来越强，该信号随着速度的增加变得更加复杂。

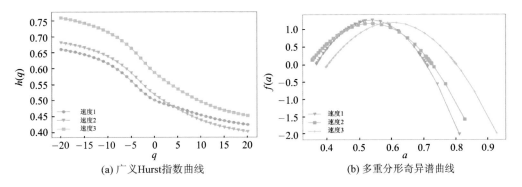

(a) 广义Hurst指数曲线　　　　　　　(b) 多重分形奇异谱曲线

图 6-3　不同速度下扫视角速度的广义 Hurst 指数和奇异谱曲线

表 6-5　不同速度下扫视角速度 MF-DFA 参数

速度 参数	1	2	3
$\overline{h(q)}$	0.556 7	0.593 5	0.647 0
$\Delta h(q)$	0.219 1	0.264 5	0.331 4
α_0	0.559 1	0.598 2	0.654 7
$\Delta\alpha$	0.319 1	0.563 7	0.649 8
Δf	0.067 1	−4.177 2	−4.203 0

3. 扫视持续时间

图 6-4 所示为不同速度下扫视持续时间的广义 Hurst 指数和多重分形奇异谱曲线。从图 6-4(a)中可以看出，$h(q)$ 随 q 变化，且 $\Delta h(q)$ 随速度的增加而增加，表明扫视持续时间序列波动函数呈幂律分布，多重分形特性逐渐增强。表 6-6 显示 $\overline{h(q)}$ 均大于 0.5，说明该序列整体呈长程正相关。图 6-4(b)展示了多重分形谱曲线分布，随着速度的增大，奇异谱谱宽 $\Delta\alpha$ 逐渐增大，说明扫视持续时间概率测度分布不均匀，信号波形多处于波谷，信号分布复杂性大，在局部区域振动剧烈，多重分形性显著。

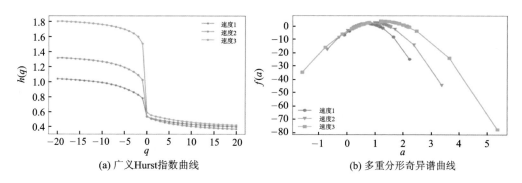

(a) 广义Hurst指数曲线　　　　　　　(b) 多重分形奇异谱曲线

图 6 - 4　不同速度下扫视持续时间的广义 Hurst 指数和奇异谱曲线

表 6 - 6　不同速度下扫视持续时间 MF - DFA 参数

参　数 ＼ 速　度	1	2	3
$\overline{h(q)}$	0.698 7	0.809 2	1.073 0
$\Delta h(q)$	0.638 1	0.946 5	1.385 1
α_0	0.830 0	0.995 0	1.211 7
$\Delta \alpha$	2.314 1	3.072 6	5.205 5
Δf	−18.185 9	3.374 8	10.855 3

4. 肌　电

广义 Hurst 指数变化如图 6 - 5(a)所示,$h(q)$随着阶数 q 的增加而减小,但航空器速度越小,$h(q)$波动越小。由表 6 - 7 可知,$\Delta h(q)$随速度的增加而增大,且 $\overline{h(q)}$ 均大于 0.5,说明波动函数呈幂律分布的肌电信号具有多重分形特性,且随着速度的增大多重分形特性逐渐增强。图 6 - 5(b)显示多重分形奇异谱谱宽随着速度的增加而增大,且由表 6 - 7 可知 Δf 均大于 0,说明肌电信号较多时段处于波峰,其奇异性逐渐增强,随着速度的增加,肌电信号波形复杂,振动剧烈,多重分形增强。

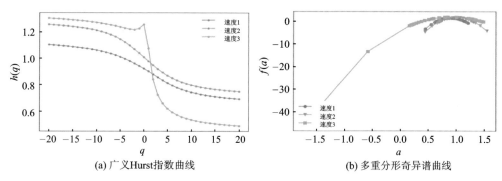

(a) 广义Hurst指数曲线　　　　　　　(b) 多重分形奇异谱曲线

图 6 - 5　不同速度下肌电的广义 Hurst 指数和奇异谱曲线

表 6 - 7　不同速度下肌电 MF - DFA 参数

速度 参数	1	2	3
$\overline{h(q)}$	0.905 8	1.006 2	0.936 3
$\Delta h(q)$	0.414 6	0.511 4	0.821 8
α_0	0.922 8	1.009 8	0.853 4
$\Delta\alpha$	0.767 8	1.106 4	3.236 9
Δf	2.530 6	0.414 6	45.774 8

5. 皮　电

不同速度下皮电信号的广义 Hurst 指数和奇异谱曲线图如图 6 - 6 所示,表 6 - 8 展示了多重分形各个指标的参数值。综合图 6 - 6 和表 6 - 8 可知,随着速度的增加, $\Delta h(q)$ 不断增大, $\overline{h(q)}$ 均大于 1,说明皮电信号波动函数符合幂律分布,且具有多重分形特性,呈长程正相关。多重分形奇异谱谱宽 $\Delta\alpha$ 随速度增加而增大,且 Δf 均大于 0,说明随着航空器速度的增加,皮电的多重分形特性增强,局部奇异性增强,波动剧烈,且多波形处于波峰。

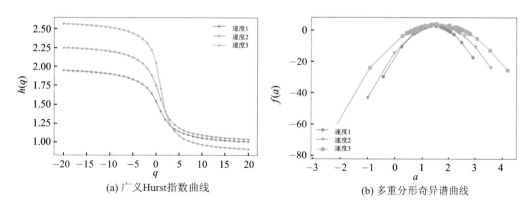

(a) 广义Hurst指数曲线　　　　　　　　(b) 多重分形奇异谱曲线

图 6 - 6　不同速度下皮电的广义 Hurst 指数和奇异谱曲线

表 6 - 8　不同速度下皮电 MF - DFA 参数

速度 参数	1	2	3
$\overline{h(q)}$	1.483 4	1.655 6	1.768 8
$\Delta h(q)$	0.942 9	1.213 0	1.657 8
α_0	1.538 7	1.471 3	1.570 5
$\Delta\alpha$	3.336 9	4.589 6	6.914 4
Δf	12.248 5	19.111 1	52.789 7

6. 皮　温

皮温的波动函数图如图 6 - 7(a)所示,图形不规则变化,而斜率即 $h(q)$ 如图 6 - 7(b)所示,近似为常数,不符合幂律分布特征,表明皮温信号不具备多重分形特性。

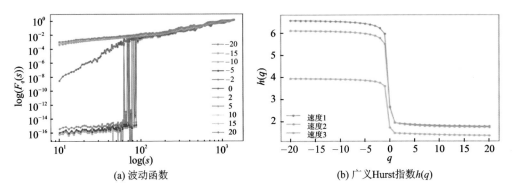

(a) 波动函数　　　　　　　　　　　　(b) 广义Hurst指数 $h(q)$

图 6 - 7　不同速度下皮温的波动函数和广义 Hurst 指数

6.2　注意力分配的分布特性分析

6.2.1　兴趣区内视觉特性分析

本节利用第 5 章的 K - Means 聚类,将选取的速度为 3 的 8 架航空器的运行场景划分为兴趣区。虽然利用 SSE 得出的较为合适的聚类个数 K 值为 4,但是根据场景中航空器的个数及其分布,为了能够合理地研究每架航空器内的运行对管制员注意力的影响,将聚类个数 K 定为 8,并结合第 5 章中 8 架航空器速度为 1 时的区域特征,以此研究该场景中每个兴趣区内注意力的分配情况。

图 6 - 8(a)、(b)表示根据航空器运行的 8 个兴趣区,表 6 - 9 给出了管制员眼动指标的分布状况。结合图 6 - 8 和表 6 - 9 可知,管制员在各个区域内的注视点持续时间分布相对比较均衡,在 AOI1、AOI6、AOI7、AOI8 内,基本包括了所有的航空器。航空器运行速度较高时,管制员对每架航空器的注视点持续时间比较均衡,说明管制员获取每架高速航空器的信息比较困难,需要较长时间的注视来提取有效信息。同时,管制员也要关注航空器的运行状态,在 AOI1、AOI3、AOI6、AOI7、AOI8 内注视点百分比和扫视时间百分比较高,表明管制员不断转换注意力,航空器速度较快时,一定要确保该航空器周围的运行环境较为畅通,至少保证最小安全间隔。所以,管制员应不断扫视航空器运行区域,重点关注航空器飞行方向及其周围场景的复杂性,避免因航空器速度过快而错过场景中出现的关键信息,从而导致下达错误的指令。由图 6 - 8(a)可知,两架航空器未来运行一段时间后会发生交叉现象,存在潜在的冲突,管制员应通过扫视行为获取这两架航空器的实时运行状态,防止出现航空器

冲突问题。因此,管制员面对速度较大的管制场景时,应不断增加扫视行为,调整注意力分布,将注意力着重分布在航空器运行复杂区域,掌握各个兴趣区内的运行环境。

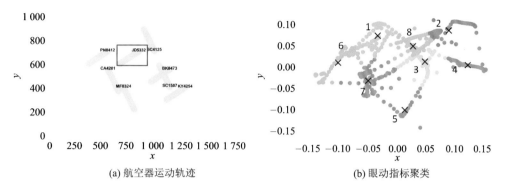

(a) 航空器运动轨迹   (b) 眼动指标聚类

图 6 - 8 速度为 3 时 8 架航空器运行场景

表 6 - 9 管制场景区域眼动行为指标汇总表

眼动行为指标	AOI1	AOI2	AOI3	AOI4	AOI5	AOI6	AOI7	AOI8
注视点持续时间/s	1.753 5	1.035 4	0.985 3	1.319 3	0.868 3	1.419 5	2.421 5	2.404 8
注视点个数百分比/%	14.93	8.96	14.93	7.46	8.96	16.42	11.94	16.42
扫视时间百分比/%	2.14	1.42	3.80	1.54	2.73	4.75	2.85	2.25

6.2.2 注视熵分析

航空器速度的变化对管制员注意力分配有着显著性影响,根据对兴趣区内的注视及扫视行为的分析,其分布有较大差异。为了评估注意力分布的范围,引入了注视熵的概念。熵,最初来源于热力学,表征物质状态体系混乱的程度。Carolina 利用注视熵和脑电对飞行员任务负荷进行评估,研究表明,当飞行员处于中/高复杂任务时会及时改变扫视行为,视觉模式变得更有确定性,注视熵就会减小。飞行员的注视熵减小,说明其注意力变得更为精确,集中在特定区域内。所以,注视熵也能够反映人注意力分配的状况。为了研究航空器速度对管制员注意力分配区域分散程度的影响,根据 Carolina 在文章中采用的注视熵计算公式计算管制员的注视熵,研究管制员的注意力分配状况:

$$H_g(X) = -\sum p(x,y) \cdot \mathrm{lb}\, p(x,y)$$

式中,$p(x,y)$ 表示注视数据落在屏幕位置 (x,y) 内的概率。将管制员监视屏幕划分为 2 048 个小单位(根据屏幕分辨率大小,每隔 30 划分为一段,共 64×32 个,即为眼动仪监测的屏幕范围),计算注视点在各个小区域内的概率。注视熵反映了管制员注视点的分布状况,该值越大,说明注意力分布区域越大。

管制员在不同兴趣区内注意力分配不同,注意力的分布程度也各有差异。管制员在不同速度下注视熵的变化状况如图 6-9 所示,注视熵的值随速度的增加呈增长趋势,表明管制员注意力分布越分散。结合 6.2.1 小节注意力在兴趣区内的分布,说明管制员随着速度的增加,不断调整注意力分布,并在场景中各个复杂区域内进行视觉搜索,实时掌握场景中的信息,增大场景中关注的区域。

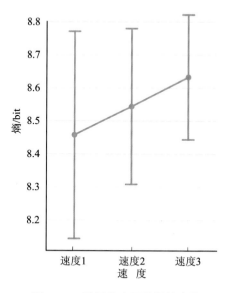

图 6-9　不同速度下注视熵变化

6.3　本章小结

　　本章分析了不同速度下管制员注意力分配的变化特性和分布特性,随着航空器速度的增加,管制员紧张性并未增加,管制员能够很好地应对速度的变化,说明航空器速度的变化对管制员心理压力影响不显著。管制员不断调整注意力的分配,有针对性地关注管制场景,并增加视觉搜索概率,密切关注航空器的运行,表明航空器速度对眼动指标具有显著影响。根据 MF-DFA 算法,注视持续时间、扫视持续时间、扫视角速度、肌电和皮电波形都表现出较强的多重分形性,波动复杂,说明速度对注意力分配的指标波形影响较大。随着航空器速度的增加,管制员注意力会重点关注存在交叉运行的区域,且扫视行为增强,同时也增大了注视熵,关注的区域增多。因此,根据注意力分配的变化特性和分布特性的衡量参数,探索各个参数的变化规律,可用于预测管制员行为参数。

第7章　管制员通信行为的时间特征

7.1　引　言

以往关于管制员通信的研究大多集中在通信事件与管制员的工作负荷之间的关系,而不是通信的动力学特征上。到目前为止,人们对管制员行为的机制缺乏定量的理解。事实上,人们一直认为大多数人类行为是随机发生的,这些行为可以由泊松过程描述。随着信息技术和电子设备在日常生活中的广泛应用,人类行为的数据可以被记录,因此生成了各种人类行为的大数据集。对各种人类行为数据集的分析表明,不同于基于随机的泊松分布,人类行为的模式适合于具有重尾模式的幂律分布。越来越多涌现的实证研究发现,在人类行为中存在相似的模式,表明存在支配人类行为的普遍机制。人类动力学研究为理解空中交通管制员行为提供了另一条途径。

7.2　人类行为动力学研究

7.2.1　人类行为动力学:实证研究

通常假设大多数人类行为是随机发生的。在人类行为动力学的研究中,从通信行为到风险评估,所使用的基本假设是,人类活动的时间特征可以通过泊松过程来近似。由于过去收集人类行为实验数据和实际行为数据十分困难,限制了对人类行为的定量研究,因而导致所有研究的假设和结论都是定性的。随着信息技术和计算机技术的快速发展,人类行为数据记录变得容易,这为研究人类行为提供了一个完美的平台。越来越多的实证研究表明,人类连续两个行为事件间的时间间隔,即两个连续的行为之间的时间差,实际上是遵循非泊松统计分布的。对各种人类行为的事件间隔的统计研究发现,人类行为的重尾分布特征存在于各种人类行为中,从书信、电子邮件通信,到打印、在线电影评级、发短信等。人类行为的时间模式不是按照先前假定随机发生的,而是表现出长时间不活动分隔的频繁行为的爆发。行为间隔的时间分布的相似性表明,人的行为与所处环境无关。图7-1给出了三个著名科学家回信的时间分布。从图中可以看出,所有的事件间隔时间都可由具有指数为1.5的幂律形式很好地描述。人类行为相似模式表明,可能存在管理人类活动的普遍机制。

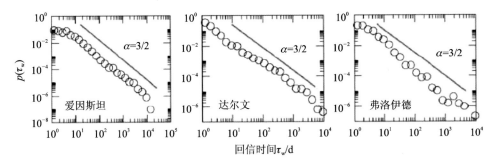

图 7-1　爱因斯坦、达尔文和弗洛伊德回信时间的分布

7.2.2　人类行为动力学：模型

1. BA 模型

Barabási 首次提出了一个优先级排队模型，以表明人类执行任务时的爆发特征是基于排队论的决策过程。重尾分布可以用一个简单的假设来解释，即人类根据一些感知优先级执行他们的任务，设置任务队列，并为不同的任务产生不均匀的等待时间分布。具体来说，每个人都有一个不同的优先级任务的列表，按照如下规则来执行任务：

- 以概率 p 选择优先级最高的一个；
- 以概率 $1-p$ 随机选择一项任务。

当执行完每一项任务之后，该任务会从任务列表中删除。同时，一个新分配的任务以不同的优先级添加到任务列表中。基于这种简单的规则即可重现人类行为时间模式的爆发特性。

2. 级联泊松模型

Malmgren 等人认为，人类书信行为的模式特征可以通过对数正态分布来刻画，而不是幂律分布。他们提出了双链马尔可夫模型用于模型级联非齐次泊松过程。模型表明人类书信行为模式是由三个机制支配，包括周期性、任务重复和通信需求。

长期以来，泊松过程被广泛应用于模拟事件的到达率。均匀泊松过程具有恒定的速率 ρ，而非齐次泊松过程的到达率 $\rho(t)$ 和时间相关。为了在模型中考虑行为的周期性，非齐次泊松过程的到达率与行为区间启动的每日和每周分布 ρ_d 和 ρ_w 有关：

$$\rho(t) = N_w p_d(t) p_w(t)$$

式中，N_w 是每周的平均行为间隔。然后，从该过程开始，可以通过使用到达率 ρ_a 的均匀泊松过程来建立第二个随机过程。在这期间，将会有 N_a 个事件发生，其中 N_a 是从某种分布获得的。

3. 交互模型

为了研究个体之间的交换行为，Wu 等人发现了人们发短信行为间隔的分布，可以通过双峰分布来描述,是泊松分布和幂律分布的组合。为了重现这一现象,他们提出了一个包含三个重要成分的模型:① 启动任务的独立随机泊松过程 ;② 基于个人任务执行的优先级排队机制的决策 ;③ 个体之间的互动。

基于对实际数据的观察,他们识别出了个体行为的两种类型的任务,即交互任务(I 任务)和非交互任务(O 任务)。为了考虑人们之间的交互,模型包括两个主要部分:个人任务的优先级队列和个人之间的相互作用。除了引入新的处理时间 t_p 之外,个人的优先级队列任务的想法与 BA 模型类似。添加 I 任务的概率是 $\lambda_p = \lambda t_p$,其中 λ 是启动 I 任务的速率 $t_p = 1$ s。令 p_A 和 p_B 表示 A 和 B 响应所接收到的 I 任务的概率。如果 A 决定回复 I 任务,则将任务添加到 A 的随机概率的任务列表中。当 I 任务被执行时,那么将轮到 B 决定是否或回复,其概率为 p_B。如此,在有人决定不回复之前,会有许多交互行为。

7.2.3　与管制员行为的对比

尽管人类动力学研究在描述人类其他行为方面取得了成功,但应该指出的是,所有研究的数据都是有意识的人类活动。在人类行为动力学中,缺乏从人类执行特定任务是否服从幂律分配的实证研究。简单机制可能无法捕获空中交通管制员行为的独特性质,例如,管制员行为与环境的相关性、行为的紧迫性或时间压力的依赖性等。通过对比研究发现,管制员的行为与上述人类行为主要存在以下三点不同。

① 依赖于环境条件。空中交通管制员的主要目标是确保管辖范围内的飞机分别到达目的地,同时满足规定的间隔标准和运行程序。扇区结构、运行程序、空中交通特征是影响管制员行为的三个客观因素。因此,管制员的行为应该是基于扇区、运行程序和具体的交通态势的。

② 紧迫性或时间压力。空中交通管制员必须迅速完成许多任务,以应对迅速变化的空中交通。与人类的日常行为相比,如电子邮件通信,管制员的行为通常面临更多的时间压力。管制员需要在非常短的时间内做出决策。这些决策影响着航空运输的安全和效率。不同的管制员采用不同的策略来应对平衡工作效能和工作负荷。

③ 经常性地与飞行员进行交互。以往对管制员通信行为的研究,根据通信内容将管制员的通信分为几类。其中,大多数管制员的通信都是与飞行员交互 。通常情况下,管制员应及时回复飞行员的通话。

为了进一步分析对比空中交通管制员的行为与其他人类行为之间的差异,图 7 - 2 给出了人类活动的量表。表 7 - 1 给出了人类行为动力学研究和管制员行为研究的主要特征、方法以及优缺点。

尽管管制员的行为与其他人类行为存在如上的各种不同,管制员仍然可以灵活地管理资源,包括空域/机场资源和自身认知的资源。例如,Histon 和 Hansman 的研究表明,一个公认的抽象结构可以作为管制员内部抽象的基础,简化管制员的工作负荷模型。标准流程、关键点、分组和责任是基于四种常见类型结构的抽象。减少

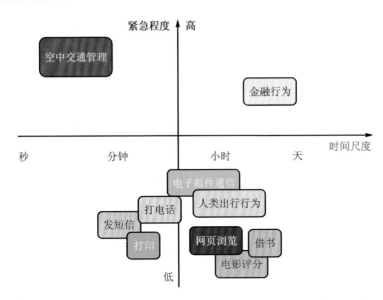

图 7 - 2　根据任务紧急程度和响应任务的时间表对人类活动进行量化

"自由度"是减轻认知复杂性的最有效方法。但是,管制员用于管理空中交通的机制的量化描述仍然未知。

表 7 - 1　空中交通管制与其他人类活动的比较

类　别	管制员行为	人类的日常行为
特点	压力大、通常 2 小时工作	压力小、活动范围很广
研究方法	心理和认知科学	数据挖掘、统计力学
结果	定性模式,大多从内部活动中解释	定量刻画行为模式,建立简单的模型来解释内部机制
缺点	大多数结果无法预测,结果取决于交通和空域以及其他因素。对整个系统采用太微观	对特定任务驱动的活动的研究很少,不能直接应用于空中交通管制
共同点	人类行为自适应性	

7.3　管制员通信行为定义

正如在前面的章节中所描述的,每个扇区都有唯一的频率为管制员和飞行员提供通信通道,管制员和飞行员使用该通信频率来交替交换信息。为研究管制员的通信行为,以下给出管制员通信行为相关的定义。

① 通信事件(Communication Event):定义为管制按下"Push-to-talk"按钮,以便将消息发送到飞行员。通信事件也被称为"发送"(Transmission)"(TR)。特别地,一条空的 TR 也被视为完整的通信事件。

② 通信事务(Communication Transaction,CT)。飞行员和管制员之间的完整对话由单独的 TR 组成,这些 TR 由管制员和飞行员交替完成。这被定义为"通信事务"或"CT"。例如,在 图 7 - 3 中,如果首个 4 个通信为飞行员 1(PL1)和管制员之间的通话,那么前 2 个蓝色的通信事件可以是 CT。

研究管制员通信行为将要使用的变量包括:

● L_i:通信事件的时间长度;

● τ_i:通信事件的到达时间间隔,即两个连续通信事件之间的时间差;

● τ_w:通信事件的间隔长度,它被定义为两个连续 CT 之间的时间长度。

图 7 - 3 还给出了计算通信度量指标。

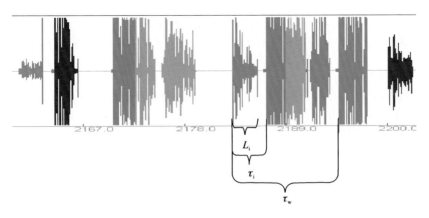

图 7 - 3 管制通信活动的定义

蓝色区域是管制员的通信,而黄色和深粉红色的区域是飞行员的通信。(数据来源于芝加哥航路管制中心。)

7.4 管制员通信行为数据

为了研究管制员的通信行为,采集了 5 个管制员通信行为数据集,包括管制员实际指挥交通时记录的运行数据和管制员在进行模拟仿真训练时记录的仿真数据。3 个真实数据集中,2 个数据集来自美国某空管中心,另一个来自中国某管制中心。模拟数据来自 EUROCONTROL,包括 Paris TMA 模拟数据和 ATCOSIM 语料库数据。

(1) D1 数据集

第一个数据集是来自 EUROCONTROL 实验中心的 Paris TMA 模拟数据。2010 年 6 月在 EUROCONTROL 实验中心进行了为期两周的实时仿真实验,目的是验证法国民航局改善用于服务于巴黎戴高乐机场、巴黎奥利机场和巴黎 Le Bourget 机场的空管系统所带来的效益。

本次实时仿真共有约 100 名管制员参与。模拟仿真涉及 30 个扇区、45 个管制席位和 35 个飞行员席位,包括 Athis‐Mons 管制中心的 11 个区域管制扇区、13 个进近管制扇区、2 个军事席位和 4 个虚拟扇区。对于空域 2 种运行方式(向西运行和向东运行),各准备了 2 个不同繁忙程度的交通样本。

本次仿真一共记录了 20 个练习,每次练习平均长达 2 h。其中,14 个练习数据记录较为完整,可以用于研究。除去交通初始化和模拟结束外,每个练习大约持续 1 h 30 min。数据中共有 79 847 个管制员的通信活动(4 885 个通信长度为 1 s, 12 个通信长度超过 30 s)。Paris TMA 数据包括 4 个子数据集:

① 无线电通信数据。每条通信数据包含管制员或飞行员通信的开始时间和结束时间,但是无通信内容。

② 飞行员操纵数据。从飞行模拟器中可以获取飞行员的操作数据。模拟器记录了与飞行运动变化相关的每一次操作。因此,可以在此数据中找到所有呼号和飞行员输入指令以更改飞行动作的时间(由于系统延迟可能与实际进入时间有 1～2 s 的差异),以及指令类型。

③ 移交信息。每条记录包含航班呼号、移交时间、航空器要离开的扇区以及它将被转移到的扇区。

④ 航空器轨迹 。和管制员工作时的雷达监视环境相似,模拟系统每 5 s 记录每架飞机所在的经度、纬度和速度等。

(2) D2 数据集

第二个数据集是 EUROCONTROL 实验中心的空中交通管制模拟语音语料库 (ATCOSIM),共包含 10 h 的通信数据。这些数据记录于在 1997 年 1 月 20 日— 1997 年 2 月 14 之间进行的实时仿真实验,仅记录和分析管制员声音。数据集中没有与通信数据相对应的任何交通或空域的信息。本数据集中 50 个练习的相关信息见表 7‐2。

表 7‐2　ATCOSIM 数据库中 50 个练习的信息

类　　别	总　　计	平　　均
练习时长/hh:mm:ss	59:18:37	1:11:10
航班数量/架次	3 121	62.42
与航班呼号识别的通信事件数量(未识别)	10 078 (1 276)	201.56 (26)

(3) D3 数据集

D3 数据集是基于 1999 年在美国堪萨斯城记录的运行数据,包括 8 个样本,涉及 4 个扇区,即 14 号扇区、30 号扇区、52 号扇区和 54 号扇区,总共有 999 个通信事件。平均每个样本有 125 个通信事件。大约 47% 的通信是由雷达管制员完成的,53% 是由飞行员和其他管制员完成的。

(4) D4 数据集

D4 数据集是从 840 h 的管制员/飞行员语音通信数据中提取的。这些语音通信数据记录了芝加哥空中交通管制中心管制员和飞行员的通信。通过使用语音分段工具包来分割出通信和非通信行为(识别出静音/通信活动),进而获得每个通信事件的开始时间和结束时间。该数据集中有 59 589 个管制通信事件。

(5) D5 数据集

D5 数据集是 2012 年初从中国某一空中交通管制中心现场采集的,包括共 6 025 个管制员的通信活动。

7.5　空域行为和管制员通信行为之间的关联

空域行为是指与通过该扇区的飞机和天气有关的行为。空域行为的测量可以是一定时间内该扇区管制的飞机数量,也可以是其他空中交通复杂性度量。本节使用交通量统计和另外两个空中交通复杂度指标来刻画空域行为,即动态密度(Dynamic Density, DD)和基于动力学系统建模方法的空中交通复杂度(Complexity based on Dynamic System Modeling, C‑DSM)。由于计算空中交通复杂度和交通量需要详细的空中交通信息,因此本节的分析将基于 D1 数据集。

7.5.1　通信行为指标

对管制员通信行为的研究定义了多种通信度量,用以确定管制员通信与管制任务负荷或工作负荷之间的关系,其中许多与观测定义的时间窗 t_w 有关。基于文献,本节采用如下两种度量方法:

- C_t^N:发生在 t_w 中的通信事件数;
- C_t^D:通信密度,定义为 $C_t^D = L_t (C_t^N)^\beta$,其中 β 是平衡通信频率的参数。

7.5.2　动态密度(DD)

根据 NASA 的相关研究,9 个交通因素被认为是造成空中交通复杂性的主要因素。这些因素可以从飞机的航迹数据中得到。DD 计算方法如下:

$$DD = \sum_{i=1}^{9} (w_i \times f_i)$$

式中　f_1——扇区内的飞机数量;

f_2——航向变化大于 15°的飞机数量;

f_3——速度变化大于 10 节或 0.02 Ma 的飞机数量;

f_4——高度变化超过 750 ft 的飞机数量;

f_5——3‑D 欧几里得距离在 0～5 nm 之间的飞机数量,不包括违规情况;

f_6——3‑D 欧几里得距离在 5～10 n mile 之间的飞机数量,不包括违规情况;

f_7——3‑D 欧几里得距离在 0～25 n mile 之间、飞行高度在 29 000 ft 以上(以下)、垂直间隔小于 2 000(1 000)ft 的飞机数量;

f_8——3 - D 欧几里得距离在 25~40 n mile 之间、飞行高度在 29 000 ft 以上（以下）、垂直间隔小于 2 000(1 000)ft 的飞机数量；

f_9——3 - D 欧几里得距离在 40~70 n mile 之间、飞行高度在 29 000 ft 以上（以下）、垂直间隔小于 2 000(1 000)ft 的飞机数量；

w_i——相关权重。

7.5.3　基于动力学系统的交通复杂性

动力学系统建模的目的是通过测量交通模式的无序性，揭示空中交通的内在复杂性，刻画系统所有的复杂性特征。给定一组飞机的 N 个观测值，每个观测值包含时间相关的位置和速度，首先求出满足一定条件的向量场 $\mathcal{N}:\mathbb{R}\times\mathbb{R}^3\to\mathbb{R}^3$。在此矢量场的基础上，计算李雅普诺夫指数，研究系统动力初始条件的敏感性。

基于李雅普诺夫指数建立的复杂度图给出了复杂度的综合度量，本章旨在研究管制员动态过程的特征。因此，采用线性动力系统模型来计算交通复杂性。根据飞机的位置 $\vec{X}=[x_i,y_i,z_i]^T$ 和速度 $\vec{V}=[v_x,v_y,v_z]^T$，可以得到如下动力学系统：

$$\dot{\vec{X}}=\mathbf{A}\vec{X}+\vec{B}$$

通过最小化错误

$$E(X)=\sum_i^N\|\vec{V}-(\mathbf{A}\vec{X}+\vec{B})\|^2$$

可以得到系数矩阵 $\mathbf{A}$，并计算 $\mathbf{A}$ 的特征值。特征值控制系统的演化。特征值的实部与系统是否收敛有关。

7.5.4　关联结果

对于 D1 数据集中的每个扇区，根据上述公式可以计算在每个时间窗 t_w 内扇区中的飞机数、动态密度（DD）以及基于 C - DSM 方法获得的矩阵 $\mathbf{A}$ 特征值的实部。

DD 的计算需要预先确定加权因子，这些因子因扇区而异。传统上，权重因子的确定要么基于工作负荷与 DD 元素之间关系的回归测试，要么基于管制员的主观评分。考虑到交通模式的多样性，本章计算了所有模拟练习中同一扇区的 9 个交通因素 f_i，以及同一时间窗内发生的通信事件数量。然后对通信量和 9 个因素进行多元回归检验，计算权重结果见表 7 - 3。在此，使用从回归中获得的系数和 Sridhar 等人获得的系数来计算动态密度，然后将动态密度与管制员的通信行为进行对比。

表 7 - 3　权重 w_i 的回归结果（括号中的数值为负）

类　别	w_1	w_2	w_3	w_4	w_5	w_6	w_7	w_8	w_9
AOUS	0.64	0.41	0.37	0.59	0.08	(0.02)	0.08	(0.11)	0.06
AR	0.59	0.04	0.51	0.24	(0.49)	0.02	0.11	(0.01)	0.17

续表 7 - 3

类　别	w_1	w_2	w_3	w_4	w_5	w_6	w_7	w_8	w_9
AP	0.56	(0.03)	(0.39)	0.21	(0.35)	0.23	0.01	0.22	(0.24)
OYOT	0.57	0.16	0.56	0.50	0.29	(0.22)	0.05	0.09	(0.06)
OGRT	0.57	(0.09)	0.41	0.38	(0.31)	0.22	(0.10)	(0.37)	0.67
TE	0.84	0.05	0.22	0.44	(0.02)	(0.14)	0.29	(0.07)	(0.10)
THLN	0.69	0.47	0.02	0.42	(0.17)	(0.19)	0.13	(0.09)	(0.03)
TML	0.77	0.12	0.33	0.25	(0.10)	0.12	(0.24)	(0.05)	(0.18)
TP	0.53	(0.05)	0.77	0.35	(0.06)	0.23	0.09	0.00	(0.06)
UJ	0.64	0.21	0.42	0.16	(0.29)	(0.08)	0.25	(0.09)	0.01
DENPG	0.91	0.15	0.43	0.16	(0.10)	(0.07)	0.18	(0.15)	(0.59)
DEPPO	1.24	0.01	(0.03)	0.49	0.00	0.00	(0.11)	(0.16)	(0.19)
DESPG	1.03	0.16	0.19	0.27	(0.23)	0.16	(0.24)	(0.44)	(0.55)
INIPO	0.99	0.25	0.39	0.23	0.28	0.02	(0.38)	(0.13)	(0.07)
INNPG	0.72	0.19	0.13	0.50	(0.39)	0.18	0.02	0.02	0.04
INSPG	0.57	0.30	0.05	0.28	0.71	(0.37)	(0.00)	(0.17)	0.11
ITBPG	0.90	(0.03)	(0.06)	(0.26)	0.31	0.15	(0.11)	(0.21)	(1.35)
ITMPO	0.35	0.48	(0.45)	0.07	0.04	0.25	(0.24)	(0.64)	(0.31)
ITNPG	1.32	(0.25)	(0.17)	0.00	0.10	0.04	0.12	(0.64)	(0.55)
ITSPG	1.58	(0.52)	0.15	0.14	0.07	(0.11)	0.00	(0.38)	0.03
VILLA	0.26	0.55	(0.05)	0.16	0.43	0.07	(0.19)	(0.16)	(0.94)
CREIL	0.43	(0.08)	0.31	(0.04)	(0.05)	(0.14)	0.08	(0.47)	(0.39)
Mean	0.76	0.11	0.19	0.25	(0.01)	0.01	(0.01)	(0.18)	(0.21)

7.5.5　C_t^N 和 T_t^N 之间的相关性

根据每架飞机进入/离开扇区的时间,可以计算得到给定时间内扇区中的飞机数量。设各个航路管制扇区的交通量和通信事件如图 7 - 4 所示。

图 7 - 4 中红色"○"表示该扇区内的飞机数量,蓝色"＊"表示每个时间片中的通信事件数量。

从图 7 - 4 中可以看出,通信事件随着扇区内飞机数量的变化而变化。为了检验交通流模式对相关结果的影响,可以计算不同时间窗大小下 C_t^N 和 T_t^N 之间的相关性,时间步长从 10~300 s 不等。研究发现,通信时间和交通流之间的关系随着时间的推移而波动(见图 7 - 5)。尽管扇区内飞机的总量与通信事件的总量高度相关,这与先前的研究(Manning,Fox 等人,2003 年)一致,但二者相关性的强度随着时间的推移而变化。同时,交通多样性也影响了相关性结果。航路扇区(如 AOU、TE)的通信

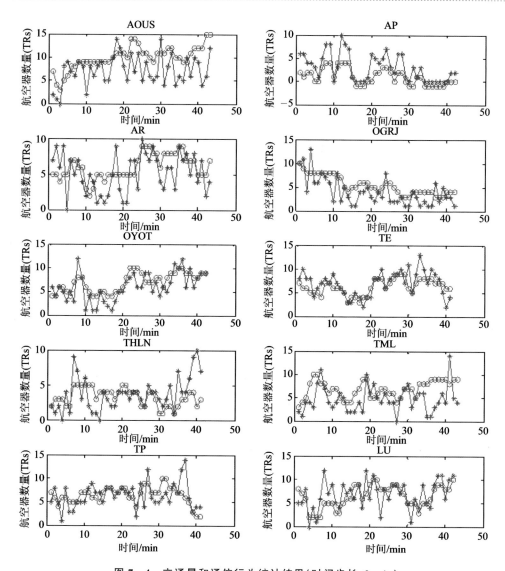

图 7-4　交通量和通信行为统计结果(时间步长:2 min)

比进近扇区(如 ITMPO、ITNPG)更加灵活。可能的原因是,进近区的交通比航路扇区内的交通更为顺畅有序。负责航路扇区的管制员在管理交通方面有更大的灵活性。

7.5.6　通信、DD 和 C-DSM 之间的相关性

　　表 7-4 给出了管制员通信行为与各扇区不同空中交通因素之间的相关系数。动态密度中的时间窗口和采样时间为 2 min,β 指数为 2。从表中可以看出,动态密度与通信事件和通信密度都有很强的相关性。虽然 C-DSP 与通信的关系很弱,但大部分扇区的 C-DSM 与动态密度呈负相关。从空域行为与通信行为的相关性可

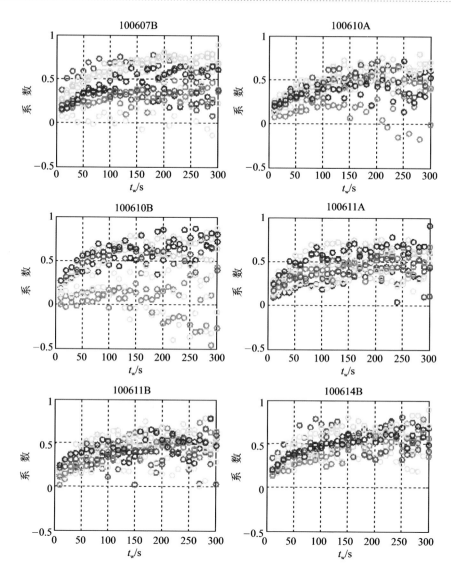

图 7 - 5　航路扇区的相关系数与时间窗之间的关系。不同的颜色表示不同的扇区

以看出,空域复杂性指标对于管制员的影响不大。

表 7 - 4　通信与交通因素的相关系数(括号中的数值为负数)

类　别	通信事件数量				通信密度				动态密度与 C - DSM	
	通信与动态密度		通信与 C - DSM		通信与动态密度		通信与 C - DSM			
	平　均	标准差	平　均	标准差	平　均	标准差	平　均	标准差	平　均	标准差
AOUS	0.74	0.06	(0.10)	0.08	0.67	0.13	(0.08)	0.03	(0.26)	0.10
AP	0.36	0.19	(0.01)	0.03	0.31	0.19	(0.00)	0.03	0.17	0.20

类 别	通信事件数量				通信密度				动态密度与 C - DSM	
	通信与动态密度		通信与 C - DSM		通信与动态密度		通信与 C - DSM			
	平 均	标准差	平 均	标准差	平 均	标准差	平 均	标准差	平 均	标准差
AR	0.54	0.12	(0.06)	0.10	0.55	0.15	(0.03)	0.03	(0.13)	0.09
CREIL	0.26	0.18	0.00	0.02	0.22	0.21	(0.00)	0.02	0.21	0.16
DENPG	0.57	0.09	(0.01)	0.03	0.53	0.07	(0.02)	0.02	(0.12)	0.08
DEPPO	0.71	0.19	(0.02)	0.04	0.59	0.13	(0.02)	0.03	(0.12)	0.08
DESPG	0.55	0.14	(0.01)	0.03	0.50	0.09	(0.02)	0.02	(0.15)	0.05
INIPO	0.55	0.16	(0.01)	0.03	0.49	0.15	(0.01)	0.03	(0.09)	0.15
INNPG	0.68	0.09	(0.02)	0.02	0.65	0.05	(0.03)	0.02	(0.21)	0.06
INSPG	0.42	0.23	(0.01)	0.04	0.45	0.24	(0.01)	0.04	(0.15)	0.14
ITBPG	0.50	0.14	0.02	0.03	0.33	0.16	0.01	0.03	0.12	0.11
ITMPO	0.26	0.30	(0.04)	0.04	0.20	0.27	(0.03)	0.05	(0.02)	0.17
ITNPG	0.68	0.11	(0.04)	0.04	0.49	0.09	(0.05)	0.03	(0.07)	0.10
ITSPG	0.64	0.18	(0.01)	0.05	0.46	0.13	(0.02)	0.04	(0.09)	0.21
OGRT	0.62	0.07	(0.02)	0.05	0.64	0.04	(0.03)	0.04	(0.11)	0.12
OYOT	0.67	0.21	(0.00)	0.03	0.65	0.14	(0.03)	0.05	(0.03)	0.09
TE	0.65	0.16	(0.01)	0.04	0.64	0.14	(0.02)	0.03	(0.04)	0.20
THLN	0.70	0.20	0.03	0.06	0.57	0.16	0.03	0.07	0.06	0.18
TML	0.62	0.26	(0.01)	0.05	0.50	0.25	(0.01)	0.02	(0.16)	0.07
TP	0.65	0.13	(0.02)	0.09	0.60	0.12	(0.01)	0.05	(0.05)	0.16
UJ	0.62	0.15	(0.05)	0.05	0.56	0.17	(0.02)	0.04	(0.06)	0.14
VILLA	0.26	0.27	0.02	0.05	0.20	0.22	0.04	0.07	(0.04)	0.12

7.6 管制员通信行为的时间特征分析

为了探索空中交通管制员通信的统计特性,与人类动力学研究相似,可以计算管制员通信的长度 L_i、通信间隔 τ_i 和通信间隙长度 τ_w。

7.6.1 管制员通信行为的周期模式

管制员的通信高度依赖于空中交通流量的大小。D_1 和 D_2 数据集是基于正常的流量样本,即繁忙时间的流量;而 D_4 数据集是在每天 24 小时的运行中记录的。因此,D_4 数据集中的流量特征更加异构。交通异质性将影响管制员的通信行为。例如,10:00—11:00 时段的交通量将比 01:00—02:00 时段的交通量多。图 7 - 6 绘制了每小时通信事件的数量分布。从图中可以看出,通信是按一天中的时间分布的,这是一个明显的趋势。

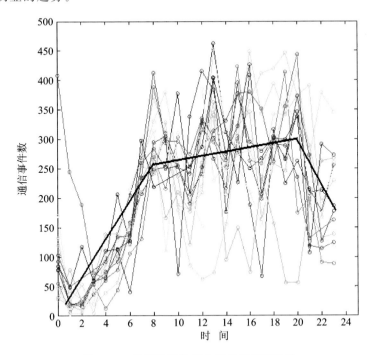

图 7 - 6　美国数据集每小时的通信事件数

图 7 - 6 中标记的颜色代表不同的日期。从图中可以看出,管制员在一个工作日的整体通信活动是异质的,主要分为三个部分:00:00—08:00、08:00—20:00、20:00—24:00。

图 7 - 7 给出了 4 个数据集中管制员和飞行员的通信长度数据的分布。长度小于 1 s 的通信被忽略,而长度大于 60 s 的通信被认为是在这段时间内的几个连续事件的组合。数据中共有 188 499 个通信事件。从图中可以看出,63% 以上的事件持续3~5 s,很少有事件(少于总数的 13%)持续 10 s 以上。

7.6.2　去趋势波动分析法

为了检验每个数据集内通信事件的统计自相似性,这里进行了二阶去趋势波动分析(Detrended Fluctuation Analysis,DFA)。详细算法参考 5.5.3 小节。当 $s=2$ 时,建立 $F(s)$ 和 s 的关系,求得指数 α。通常,不同的指数 α 表示原时间序列的不同特性:

- $\alpha<0.5$:反相关;
- $\alpha\approx0.5$:不相关,白噪声;
- $\alpha>0.5$:相关;

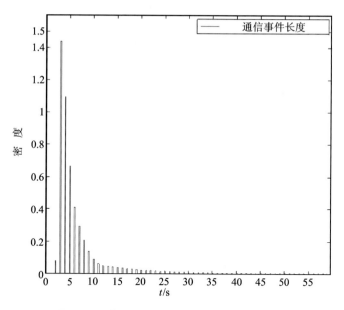

图 7 - 7　管制员和飞行员通信事件长度分布

- $\alpha \approx 1$：$1/f$ 噪声，粉噪声；
- $\alpha > 1$：不稳定，随机游走；
- $\alpha \approx 1.5$：布朗噪声。

图 7 - 8 给出了 5 个数据集中管制员通信时间序列 $F(s)$ 和 s 的关系，其中时间窗口范围为 $5 \leqslant s \leqslant 100$。可以看出 5 个指数中的 4 个约为 0.65，表明这些数据集中的管制员通信行为是长程相关的。注意到数据集 D_3 是由 8 个 15 min 长的样本构成的，总共不到 470 个管制员的通信。数据集 D_3 中比较少的数据点可能是造成管制员通信不相关的主要原因。相比之下，其他 4 个数据集中 $F(s)$ 和 s 的关系均呈现出幂律形式，表明管制员的通信行为是长程依赖的。表 7 - 5 给出了 D_1 数据集每个练习的每个扇区指数 α。

7.6.3　通信时间间隔分布

在人类动力学研究的基础上，本小节将研究管制员通信行为的通信时间模式，包括通信到达时间 τ_i 和通信间隙长度的分布 τ_w。确定通信到达间隔时间 τ_i 较为容易，而计算通信间隙长度需要详细的通信内容。Cardosi 研究了管制员成功向飞行员发送包含机动信息所需的时间，发现管制员平均需要 11 s 才能完成一次与飞行员的通信。基于这一结果和管制员通信长度的经验分布，本章提出了一种计算通信间隙长度的方法。考虑到大部分通信持续 3~5 s，管制员必须听取飞行员的反馈，以确保飞行员正确理解指令。所以管制员一个完整的通信最小值在 8~11 s 之间变化。

采用以下 4 种统计模型研究管制员的通信行为。

表 7 - 5　DFA 扇区 DFA 的幂指数

	100607B	100610A	100610B	100611A	100611B	100614B	100615A	100615B	100616A	100616B	100617A	100617B	100618A	100618B	Mean	Std
AOUS	0.47	0.50	0.49	0.44	0.54	0.49	0.73	0.50	0.57	0.51	0.54	0.47	0.57	0.51	0.52	0.07
AP	0.45	—	—	0.56	0.61	0.61	0.56	0.41	0.62	0.59	0.84	0.69	0.62	0.58	0.60	0.11
AR	0.62	0.51	0.46	0.61	0.44	0.64	0.60	0.61	0.44	0.63	0.57	0.46	0.70	0.37	0.55	0.10
CREIL	0.75	0.56	0.97	0.42	0.37	0.54	0.78	0.45	0.60	0.62	0.60	0.59	0.76	0.75	0.62	0.16
DENPG	0.69	0.50	0.57	0.68	0.49	0.61	0.59	0.55	0.72	0.43	0.62	0.64	0.66	0.61	0.60	0.08
DEPPO	0.67	0.54	0.60	0.47	0.62	0.75	0.71	0.66	0.56	0.47	0.65	0.64	0.48	0.54	0.60	0.09
DESPG	0.53	0.56	0.65	0.53	0.56	0.49	0.65	0.62	0.62	0.45	0.66	0.53	0.59	0.53	0.57	0.07
INIPO	0.61	0.53	0.47	0.53	0.65	0.54	0.67	0.74	0.54	0.68	0.68	0.50	0.60	0.46	0.59	0.09
INNPG	0.67	0.63	0.66	0.61	0.79	0.63	0.55	0.57	0.59	0.72	0.48	0.53	0.62	0.67	0.62	0.08
INSPG	0.53	0.47	0.60	0.56	0.54	0.61	0.65	0.61	0.55	0.49	0.52	0.59	0.59	0.42	0.55	0.06
ITBPG	0.60	0.58	0.49	0.78	0.74	0.76	0.77	0.71	0.90	0.55	0.71	0.59	0.65	0.54	0.67	0.12
ITMPO	0.61	0.61	0.58	0.61	0.46	0.62	0.73	0.57	0.68	0.65	0.62	0.57	0.70	0.54	0.61	0.07
ITNPG	0.56	0.57	0.55	0.62	0.57	0.53	0.54	0.63	0.61	0.71	0.49	0.61	0.63	0.68	0.59	0.06
ITSPG	0.53	0.64	0.48	0.56	0.56	0.49	0.61	0.59	0.55	0.51	0.56	0.56	0.58	0.49	0.55	0.05
OGRT	0.58	0.60	0.49	0.74	0.93	0.46	0.70	0.52	0.59	0.46	0.58	0.56	0.68	0.43	0.60	0.14
OYOT	0.73	0.63	0.71	0.72	0.43	0.54	0.52	0.53	0.63	0.60	0.58	0.64	0.59	0.64	0.61	0.09
TE	0.74	0.73	0.49	0.50	0.42	0.69	0.70	0.54	0.67	0.61	0.82	0.57	0.64	0.58	0.62	0.11
THLN	0.61	0.71	0.82	0.48	0.73	0.69	0.55	0.53	0.74	0.58	0.49	0.66	0.58	0.57	0.62	0.10
TML	0.74	0.66	0.61	0.45	0.43	0.48	0.70	0.65	0.46	0.26	0.69	0.59	0.63	0.35	0.55	0.15
TP	0.61	0.51	0.56	0.56	0.61	0.69	0.36	0.62	0.56	0.56	0.53	0.38	0.76	0.43	0.55	0.11
UJ	0.57	0.64	0.63	0.58	0.49	0.53	0.61	0.70	0.65	0.47	0.48	0.58	0.48	0.63	0.57	0.07
VILLA	0.74	0.62	0.60	0.83	0.64	0.76	0.57	0.77	0.76	0.18	0.71	0.72	0.69	0.38	0.64	0.17
Mean	0.62	0.58	0.59	0.58	0.57	0.60	0.63	0.59	0.62	0.53	0.61	0.57	0.63	0.53		
Std	0.09	0.07	0.12	0.11	0.14	0.10	0.10	0.09	0.10	0.13	0.10	0.08	0.07	0.11		

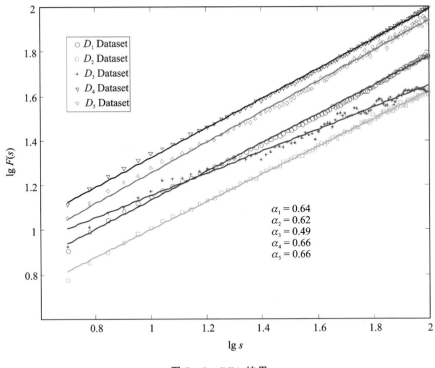

图 7 - 8　DFA 结果

（1）指数分布

　　长期以来，泊松过程一直被用来模拟随机事件，以表示在固定时间间隔内发生给定数量事件的概率。指数分布用于描述泊松过程中事件之间的到达时间。指数分布的概率密度函数如下：

$$f(x;\lambda) = \begin{cases} \lambda e^{-\lambda x}, & x \geqslant 0 \\ 0, & x < 0 \end{cases}$$

式中，λ 为事件的到达率。如果 λ 是常数，那么这个过程被称为齐次泊松过程；如果 λ 依赖于时间，那么这个过程被称为非齐次泊松过程。

（2）对数正态分布

　　尽管泊松过程已经很好地应用于模拟某一扇区或机场飞机的到达过程，但 Popsecu 等人研究陆空通话数据发现，管制员和飞行员通信的时间分布符合对数正态分布。对数正态分布在生物学、水文学、金融学等领域中也有报道。在概率论中，对数正态分布的概率密度表示为

$$f(x;\mu,\sigma) = \frac{1}{x\sqrt{2\pi\sigma^2}} \exp\left[-\frac{(\ln x - \mu)^2}{2\sigma^2}\right], \quad x > 0$$

式中，μ 和 σ 是与分布的形状相关的参数。

（3）幂律分布

幂律分布被用来刻画人类行为的重尾特征。由于幂律分布独特的数学性质，它引起了人们的特别关注。此外，幂律统计是临界现象的一个标志，它出现在各种自然和人为系统中，从物理学到生物学，再到经济学和社会学。在大多数情况下，可以假设一个下限 $x_{\min}$，在这个下限中的数据可以满足幂律的形式。连续变量的幂律具有以下形式：

$$f(x) = \frac{\alpha - 1}{x_{\min}} \left(\frac{x}{x_{\min}} \right)^{-\alpha}$$

关于幂律分布的历史和实证可以参考相关文献。

（4）逆高斯分布

逆高斯分布也称为瓦尔德分布，它描述了带正漂移的布朗运动达到一个固定的正水平所需的时间分布，即布朗过程的第一个通过时间。概率密度函数的形式是：

$$f(x;\mu,\lambda) = \left(\frac{\lambda}{2\pi x^3} \right)^{1/2} \exp \frac{-\lambda(x-\mu)^2}{2\mu^2 x}$$

式中，$\mu > 0$ 为均值，形状参数 $\lambda > 0$。分布以零为界。为了允许下界大于零，移动的瓦尔德分布定义为

$$f(x;\theta,a,\gamma) = \frac{1}{\sqrt{2\pi(x-\theta)^3}} \exp \left\{ \frac{-[a-\gamma(x-\theta)]^2}{2(x-\theta)^3} \right\}, \quad \theta > 0$$

与标准的逆高斯分布相比，位移瓦尔德分布的平均值为 $\mu = a/\gamma$，形状参数为 $\lambda = a^2$。有趣的是，移动的瓦尔德分布通常能很好地拟合认知心理学的经验响应时间。

为了估计每个模型的参数，可以使用最大似然估计方法。表 7-6 给出了每个数据集的拟合结果。表中 LR 是对数似然比，而 Prop 给出了该数据集中满足拟合条件的数据比例。数据集中通信事件时间的概率密度函数如图 7-9 所示。数据点采用对数坐标以便更好地可视化。虚线是对每个数据集的逆高斯拟合。可以看出，管制员的行为确实呈现出了重尾的模式。

如表 7-6 所列，实际数据的最佳拟合模型因数据集而异。逆高斯分布可以很好地拟合 D_3 和 D_4 数据集中的数据，但未能捕捉到数据集 D_1 和 D_2 中通信间隔小于 15 s 的数据（见图 7-9，$\tau \approx 10^{1.2}$ s）。幂律分布可更好地描述数据集 D_1 和 D_2 中的所有到达时间，最小阈值分别为 12 s 和 13.3 s。到达时间分布的多样性可能源于上述讨论的交通模式。与数据集 D_3 和 D_4 中的实际运行数据相比，D_1 和 D_2 两个数据集中管制员所进行的通信都是在繁忙的交通时段进行的。从图 7-10 可以看出，大于 11 s 的通信间隔明显呈现出幂律衰减。指数分别为 2.64 和 2.71 的幂律形式更好地刻画了管制员的行为，表明管制员的基本决策过程与人类动力学模型相似。个体管制员是否遵循相同的模式未知。

表 7 - 6 实际数据拟合结果（通信时间间隔）

分布名称	概率分布函数 (Probability Distribution Function)	参 数 (Parameters)	D_1	D_2	D_3	D_4	D_5
指数 (Exponential)分布	$\lambda e^{-\lambda x}$	λ	19.184 2	17.071 3	17.995 3	39.638 5	25.603 6
		LR	−314 251	−37 863.6	−1 657.19	−250 009	−25 307
		AIC	628 504	75 729.2	3 316.38	500 020	50 616
对数正态 (Lognormal)分布	$\dfrac{1}{x\sqrt{2\pi\sigma^2}}\exp\left[-\dfrac{(\ln x-\mu)^2}{2\sigma^2}\right]$	μ	2.593 13	2.562 79	2.384 17	3.364 11	2.701 15
		σ	0.756 983	0.686 706	0.946 182	0.779 025	0.977 448
		LR	−296 732	−35 578.7	−1 596.06	−242 184	−24 661
		AIC	593 468	71 161.4	3 196.12	484 372	49 326
幂律 (Power Law)分布	$x^{-\alpha}$	α	2.42	2.707 8	2.8	4.410 8	3.946 8
		$x_{\min}$	12	13.338 7	29	133.326 9	97
		LR	−155 460	−15 598	−332.322	−7 706.4	−1 039.2
		AIC	310 924	31 200	668.644	15 416.8	2 082
		Prop	46.62%	43.41%	17.61	2.91%	3.49%
逆高斯 (Inverse Gaussian)分布	$\left[\dfrac{\lambda}{2\pi x^3}\right]^{1/2}\exp\dfrac{-\lambda(x-\mu)^2}{2\mu^2}x$	μ	19.184 2	17.071 3	17.995 3	39.638 5	24.643 5
		λ	23.534 8	27.514 3	13.109 9	48.512 1	15.919 3
		LR	−223 361	−26 511	−1 188.36	−192 603	−19 067.9
		AIC	446 726	53 026	2 380.72	385 210	39 219.8

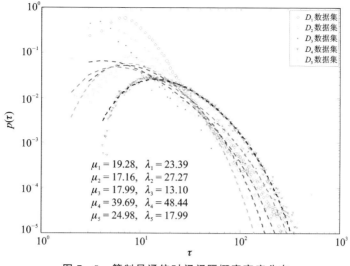

图 7 - 9　管制员通信时间间隔概率密度分布

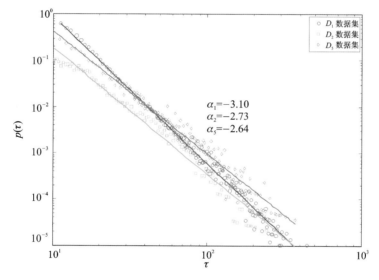

图 7 - 10　管制员通信时间间隔(大于 11 s)概率密度分布

7.7　管制员通信时间行为特征的心理学解释

　　实证数据分析表明,管制员通信活动确实存在重尾特征。管制员的通信行为是其认知过程的结果,这在以往的工作中得到了长期的研究。管制员的通信行为可以表现为一种选择决策活动,即基于随时间变化的信息决策。因此,可以将通信间隔(即何时与飞行员通信)定义为响应时间。研究这种响应时间是心理学的核心问题之一。通过对响应时间的研究,可以分析人的心理过程,进而建立决策过程中认知过程的计算模型。一个成功应用的范例是扩散模型。扩散模型有 4 个主要因素:漂移率、边界间隔、起点和非决策时间。漂移率是信息积累的平均速率,它由从刺激中提取的信息质量决定。边界间隔用于量化两个响应边界之间的距离,即累积信息做出决策的时间。起点可以表示为参与者的先验偏差。非决策时间衡量与决策过程无关的过程的持续时间。图 7-11 描述了扩散模型。

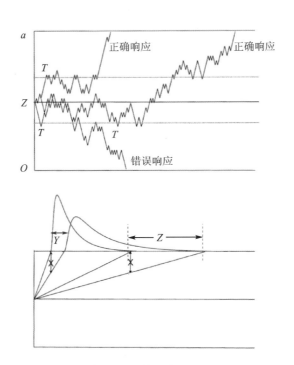

图 7-11　扩散模型的说明(图片取自 Ratcliff and Rouder,1998)

认知心理学中用来拟合响应时间的主要统计模型是逆高斯和移动瓦尔德分布。一些研究试图借助扩散机制来解释统计模型。管制员通信中,两个数据集的通信时间都符合逆高斯分布,如何解释管制员通信行为背后的机制是未来的一个重点研究问题。

7.8　本章小结

对人类行为实证数据的研究揭示了人类活动的显著统计特性,促进了对人类行为机制定量的理解。空中交通复杂度是影响管制员工作负荷的主要因素之一,但是研究发现,空中交通复杂度并不能通过管制员的通信行为反映出来,表明了管制员通信行为的适应性。通过去趋势分析法发现,管制员的通信行为是长期相关的,并且管制员的通信确实呈现出类似于其他日常人类交互活动的重尾特性。

第8章 管制员通信行为的空间特征

8.1 引　言

空中交通管制员可根据交通流量分布和空域环境确定管制方案。在基于结构的认知研究中,发现了管制员主要采用 4 种抽象概念,以减轻其认知复杂性。这 4 种抽象概念分别是标准流程(standard flow)、关键点(critical points)、分组(grouping)和责任(responsibility)。然而,关于这些行为的定量描述仍然未知。本章将研究空中交通管制员通过通信行为的空间模式,即管制员如何选取航空器进行通信。管制员的空间选择行为与信息收集和扩散过程有关。因此,管制员通信行为的空间特征研究具有重要的科学和工程潜在价值。

空中交通管理的过程实质上是管制员的信息扩散过程。为了管理交通,管制员必须收集信息并将信息传达给飞行员,解决空中交通冲突,确保航空器成功到达目的地。有关信息类型和信息来源都很清楚,但人们关于管制员如何传播信息的方式知之甚少。虽然一些复杂性测量指标可以解释管制员的认知行为,但这些测量方法无法正确预测复杂性。

与人类动力学一样,对人类出行行为的研究表明,有一个简单而普适的机制控制人类的空间活动。管制员在选择要管理的飞机时是否存在类似的模式,并可以通过简单的机制来解释呢? 空中交通管制员的空间行为可以描述如下:每个航班可以表示为具有经过验证的时间范围的地点或节点,管制员必须访问这些节点以便传输关于改变航班运动的信息,从而使得每个航班都可以到达其目的地而不发生冲突。

管制员语音通信事件的时间序列含有管制员如何管理交通的信息,因为语音通信是管制员和飞行员之间信息交流的唯一方式。因此,管制员通信的序列可以看作是管制员访问飞行的轨迹,即信息扩散轨迹。通过研究管制员通信序列的特征,可以研究管制员通信行为的空间特性。

8.2 基于抽象结构的管制策略

虽然空域结构和交通分布等因素会影响管制员的活动,但认知研究仍揭示了管制员在管理交通时采用的共同策略。Histon 和 Hansman 发现空中交通管制员使用结构信息来定义工作环境中的物理和信息元素,以降低认知复杂性。以下总结了4 种基于结构的抽象策略。

(1) 标准流

许多飞机在相同的航路上有序飞行,形成标准流。管制员认为标准流是扇区的关键结构特征。标准流抽象捕获共同飞行器的空间轨迹,减少管制员的核心认知任务。例如,标准流中的飞机通常具有相同的属性,例如飞机高度、速度、飞行员的事件请求等。标准流将有助于识别飞机轨迹或预测潜在的冲突。标准流简化心理负荷模型的机制是降低了飞机的自由度。

(2) 关键点

关键点是在日常运行期间由扇区管制员识别的高优先级区域。管制员非常关注接近关键点的飞机。两个不同的交通流合并成单一的导航设备是关键点的一个例子。

(3) 分　组

分组抽象是管制员的一种飞机/天气聚类。使用相同路线飞行的飞机或具有相同性能的飞机是分组抽象的基础。这些组的制定也减少了由组属性表示组中的飞机的工作负荷模型。

(4) 责　任

通过将任务委派给下游管制员或飞行员,管制员可以减少监视负荷。

上述 4 种基于结构的抽象策略降低了认知复杂性并减轻了工作负荷。所有这些都是基于飞机的空间分布。

8.3　人类出行行为的一般模式

通过研究银行票据流通或手机定位数据发现,人类出行的轨迹在时间和空间上呈现出高度的规律性。实证结果表明,个体在连续移动之间所经过的距离,以及个体在同一位置所花费的等待时间的总和都存在重尾现象。幂律形式可以很好地刻画这两个属性。通过测量人类轨迹的熵来研究人类出行可预测性的极限发现,人类出行行为的潜在可预测性为 93%。出行行为的相似性表明控制人类行为的相同规律是存在的。

8.4　通信行为空间特征的研究方法

8.4.1　将时间序列映射到网络的方法

为了追踪管制员"访问"航班的轨迹,可采用网络的方法。网络被广泛用于表示复杂系统组件之间的连接模式。在动力学系统(例如社交网络)中传输信息的合理表示是随机网络或时间网络,其在拓扑上重构并随时间演变。

近来人们对将时间维度编码到经典网络的分析中,针对时间网络的研究越来越多。例如,含时网络被用于研究社交网络上的信息传播,或者从网站的帖子中提取信息以构建含时网络来分析非法交易等。

通过网络方法研究管制员通信的空间行为,必须从通信行为数据构建网络。为了揭示时间序列中隐藏的信息,将时间序列转换为网络分析的技术被广泛研究。将时间序列转换为网络的方法大致可分为三类:

① 时间序列中不同部分的相互接近。例如,在递归图方法中,节点是从相空间轨迹和两个周期相似的两个周期之间的链接定义的。

② 连续观测的凸性(即可见图)。

③ 离散状态(转换网络)之间的转换概率。

本章提出了一种将管制通信时间序列转换为无向加权网络的新方法。

1. 网络中节点的定义

网络的节点是飞跃该扇区的航班。每个节点都有一定的"生命周期",该周期考虑了飞机在扇区中的飞行时间。因此管制员在飞机进入扇区之前或离开扇区之后将无法访问该航班。

2. 边界的确定

节点之间的边应表示两个航班之间的关系。在此,用类似可见图算法来定义网络节点之间的连边。给定一系列时间数据,两个任意数据值(t_a,y_a)和(t_b,y_b)之间存在连接的条件是,它们之间的任何其他数据(t_c,y_c)满足如下标准:

$$y_c < y_b + (y_a - y_b)\frac{t_a - t_c}{t_b - t_a}$$

图 8-1 显示了将时间序列数据转换到网络的示例。

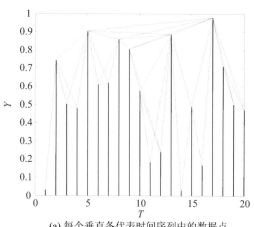

(a) 每个垂直条代表时间序列中的数据点,
T表示时间,Y表示数据的值

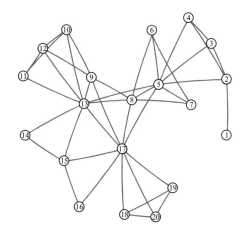

(b) 可见图算法的相关网络构造

图 8-1　可见图算法

可见图算法对于大型数据集分析是有效的。确定航班之间的连接性,必须考虑管制员的行为。如果管制员与两个不同航班之间的通信被很长一段时间分开，那么这两个航班显然没有任何关系；相反，如果管制员在很短的时间内呼叫它们，它们应该有某种关系。

为了确定两个节点是否连接，首先定义被呼叫时的航班 i 和航班 j 之间的时间距离 $\delta(i,j,t)=t_j-t_i-l_i$，航班 i 被通信的时间为 t_i，航班 j 被通信的时间为 t_j，事件 i 的通信持续时间为 l_i。由于航班被移交到下游扇区，故将与前一扇区航班之间没有任何关系。

3. 时间聚合网络

根据预先定义的时间窗口 $\tau_{\min}$ 来确定节点之间的连接性。如果 $\delta(i,j,t)$ 小于 $\tau_{\min}$，则定义两个航班之间存在联系，在相应的节点之间添加一条边，否则两个节点不存在直接连接。因此，网络的邻接矩阵 A 可以表示为

$$A(i,j)=\begin{cases}1, & 若\ \delta t(i,j,t)<\tau_{\min}, 且\ s_i\cap s_j\neq\varnothing \\ 0, & 其他\end{cases}$$

特别地，定义 $A(i,i)=0$。由于在航班 i 和航班 j 之间可能存在多个链接，故定义两个权重矩阵 N、W。$N(i,j)$ 记录在整个时间内发生的连接 $A(i,j)$ 的数量，$W(i,j)$ 表示两个航班之间关系的强度。由于在某些情况下，管制员必须复诵飞行员的通信或发送确认信息，为了过滤这样的噪声，将 $N_{\min}$ 用作确定节点连边稳定性的阈值。基于 $\delta(i,j,t)$ 和 $N(i,j)$，可以定义关系距离 $W(i,j)$ 为

$$W(i,j)=\left[\frac{1}{N(i,j)}\sum_{\substack{\delta t(i,j,t)<\tau_{\min}\\N(i,j)>N_{\min}}}\frac{1}{f(\delta t(i,j,t))}\right]\exp^{N(i,j)}$$

式中，$f(x)=x$。

图 8-2 和图 8-3 给出了通信时间序列和与之相对应的聚合网络。

这是从管制员讲话中构建的历史交流活动。图 8-2 上部显示飞机的通信事件。每条水平灰线代表不同的飞机，每条垂直线对应于通信事件。下方给出了管制员的连续通信活动，每条垂直线代表一段时间内的通信事件。

图 8-3 中每个节点对应一个航班，节点的大小对应于与管制员通信的频率。颜色代表使用该算法识别的不同共同体（Lancichinetti，Radicchi 等，2011）。

4. 含时网络

以上构建的网络 G 包含有关管制员通信行为的大量信息，网络属性可以复现管制员的行为动态。然而，上述聚合网络存在一些不足。例如，图 8-4 中的航班 AC7 的度为 5，表示 AC7 与 5 个航班有关。实际上，可以看到航班 AC7 的邻居随时间而变化，最常见的 AC7 度实际上是 2。参考其他含时网络的研究，通过一组四联体 $e=(i,j,t,\delta t)$ 来定义含时网络 $G(t)$，表示在时间 t 的连接航班 i 和航班 j 的成本。如果两个航班的服务时间 s_i 和 s_j 没有交集，那么两个航班将不存在联系。根据管制员

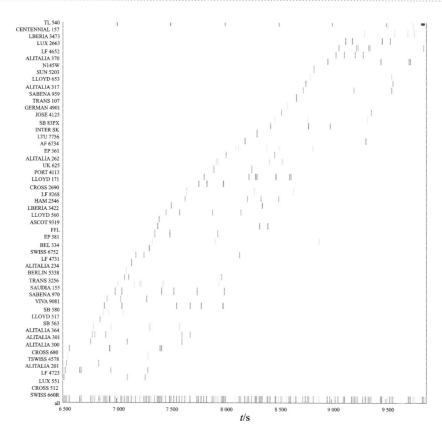

图 8 - 2 　一系列通信数据示例

通信时间序列可以得到

$$e(i,j,t,\delta t)=\begin{cases}1,&\text{若}\ \delta t(i,j,t)<\tau_{\min},\text{且}\ s_i\bigcap s_j\neq\varnothing\\0,&\text{其他}\end{cases}$$

为了分析局部动力学演化,引入观察时间窗口 τ_{tw},可将含时网络分成 $n=(T_{\max}-T_{\min})/\tau_{\mathrm{tw}}$ 的网络图片。

8.4.2　网络分析技术

1. 经典技术

度分布是用来测量网络的拓扑变化的一个重要技术,在网络动力学研究中被广泛使用。航班 i 的度,是指网络中航班 i 的邻居数量,表示该航班 i 涉及的航班数量。根据网络邻接矩阵,可以得到

$$k_i=\sum_{j,N(i,j)>N_{\min}}\mathbf{A}(i,j)$$

网络度分布被定义为表示找到具有 k 度节点的概率分布。为了给出一般性描述,引入了归一化度,定义为

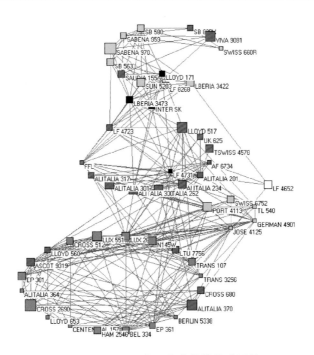

图 8 - 3　图 8 - 1 中通信事件的关联网络

$$\hat{k}_i = \frac{k_i}{N_{\text{traffic}}^i}$$

式中，N_{traffic}^i 表示当航班 i 飞跃该扇区时，该扇区内的航班数量。

2. 社团检测

社团是较大网络中的密集子网络，它不仅对应于复杂系统的功能单元，而且还可以给出各个共同体结构的属性。

管制员通信网络中的社团是指一组航班，这些航班可以被视为交通演化过程中具有某些功能的组件。例如，在同一时期内以相同飞行高度沿同一航线飞行的航班可被视为一个社团。在最近的一篇文章中，作者对复杂网络中的三类社团检测算法，即分层聚类、优化方法和块模型进行了重要评论。鉴于航班之间的关系随时间变化，因此通信网络中可能会出现重叠社团。所以，选择用随机块模型来检测网络中的社团。

设 G 为具有 n 个节点的无向网络，c_i 表示节点 i 所属的社团。p_{rc} 表示 r 社团中的节点与 c 社团中的节点之间存在边缘的概率。同样，$A(i,j)$ 是邻接矩阵。为了识别网络中由块模型生成的社团，可以根据 p_{rc} 和 c_i 最大化以下变量：

$$L = \prod_{i<j} p_{c_i c_j}^{A(i,j)} (1 - p_{c_i c_j})^{1-A(i,j)}$$

图 8 - 4 中前三个帧对应于持续时间的时间间隔，最后一个帧是从前三个帧中聚合的网络。子帧中的每个节点代表扇区频率上的航班。节点之间的链接表示与两个航班

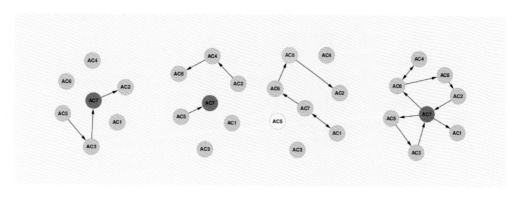

图 8 - 4　一系列通信网络的示例

的通信是相关的。

3. 摩体(Motif)检测

在节点和网络社团之间的层面上,研究最多的网络结构是网络摩体。网络摩体是子图或网络模式的等价,它们在网络中频繁出现。人们认为摩体与网络构建的系统功能相关。因此,网络摩体的检测将可以帮助揭示在网络上的信息处理过程。

定义以下三个主要摩体用以研究管制员的通信行为:① 链状,即与不同的航班进行有次序的通信;② 环状,在与几个航班通信之后,管制员与第一班航班进行通信;③ 星形,因为某个航班非常重要,管制员必须经常选择与它进行通信。图 8 - 5给出了三种类型的模体。

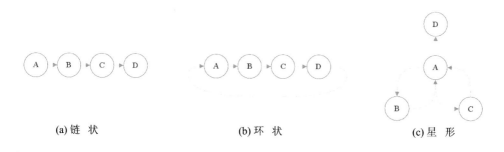

(a) 链　状　　　　　　　　(b) 环　状　　　　　　　　(c) 星　形

图 8 - 5　三种类型的模体:链状、环状和星形

8.5　管制员通信行为数据

本章将选择三个数据集来研究管制通信行为的空间特征。D_1 和 D_2 是 ATCO-SIM 语料库数据集和 Paris TMA 数据集。飞行信息是从数据集的文本中解码的。D_2 数据集的交通流量和管制员通信情况如图 8 - 6 所示。由于无法从无线电通信数据中提取航班信息,因此对数据集 D_2 的分析主要基于飞行员的操纵数据。

由无线电通信数据、飞行员操纵数据以及 D_2 中航班移交数据,构建数据集 D_3。使用以下算法将通信与航班进行匹配。

步骤 1:按升序对所有通信事件、移交数据和飞行员操纵数据进行排序。$[t_0, t_{max}]$ 表示所考虑的分析时间段。根据移交信息和飞行员操纵数据,选择最近管制员的通信并用相关航班的呼号进行标记。

步骤 2:令 $t_1 = t_0$ 执行以下操作:

步骤 2.1:如果 $t_1 > t_{max}$,则终止算法;否则,在移交数据中找到下一个移交事件 T_{next},令 $t_2 = T_{next}$,确定在时间段 $[t_1, t_2]$ 内的所有航班,令 F' 表示设置的航班。令 C' 表示在 $[t_1, t_2]$ 这段时间内进行的一系列沟通活动。

步骤 2.2:对于在 C' 中没有呼号的通信事件,在 F' 中随机选择一个航班作为航班的呼号,并删除 F' 中的航班。重复此操作,直到所有通信事件都分配了航班的呼号。然后 $t_1 = t_2$,执行步骤 2.1。

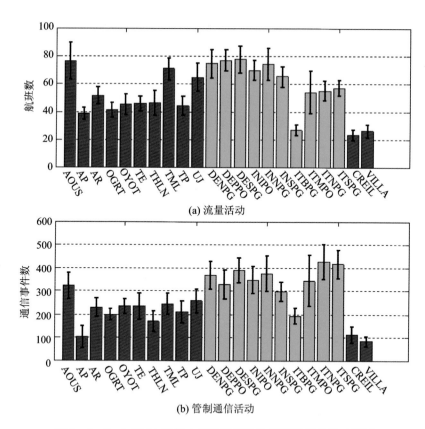

(a) 流量活动

(b) 管制通信活动

图 8-6　Paris TMA 数据中的流量活动和管制员通信活动概述

图 8-6 中条形的高度表示每个扇区中的平均飞行次数及管制员通信事件,而误差条表示所有练习测试的标准偏差。红色条是航路路段,而绿色条是进近扇区,军用

扇区用蓝色表示。

8.6　管制员通信行为的空间特征

最小距离 $\tau_{\min}$ 用于根据时间通信信息确定两个航班之间是否存在连接。如果 $\tau_{\min}$ 足够大,则每个航班 i 都能够在时间段 s_i 内与该时间段中的航班相关联;如果 $\tau_{\min}$ 比较小,那么航班之间的连通性将会被限制。因此,估计 $\tau_{\min}$ 的大小会对网络结构有较大影响。为了验证这一假设,选择 $1\sim5$ min 内增长率为 10 s 的 $\tau_{\min}$ 值。考虑到管制员与大多数航班的通信数量不到 3 次,所以将最小权重阈值 $N_{\min}$ 设为 $1\sim5$ 中随机选取的自然数。表 8-1 给出了采用本节所提算法构建网络的一般信息。

表 8-1　通过最小链路权重 $N_{\min}$ 获得的网络的主要特征摘要

类　别		D1(ATCOSIM)		D2(Paris UM)		D3(Paris M)	
		平均值	方　差	平均值	方　差	平均值	方　差
$N_{\min}=1$	网络数量	1 250.0	0.0	7 681.0	1.1	7 000.0	0.0
	节点数量	62.0	5.9	49.1	18.1	53.1	18.3
	边的数量	597.2	155.0	194.2	117.7	270.8	162.1
$N_{\min}=2$	网络数量	1 250.0	0.0	7 650.0	0.9	7 000.0	0.0
	节点数量	62.0	5.9	49.2	18.0	53.1	18.3
	边的数量	313.1	141.7	139.0	91.8	207.4	130.4
$N_{\min}=3$	网络数量	1 250.0	0.0	7 612.0	2.8	7 000.0	0.0
	节点数量	62.0	5.9	49.4	17.8	53.1	18.3
	边的数量	168.0	105.0	98.9	74.1	157.6	106.7
$N_{\min}=4$	网络数量	1 249.0	0.2	7 518.0	2.7	6 996.0	0.5
	节点数量	62.0	5.9	49.9	17.4	53.2	18.3
	边的数量	89.3	68.8	72.5	61.5	120.4	88.8
$N_{\min}=5$	网络数量	1 234.0	2.0	7 414.0	7.4	6 975.0	2.3
	节点数量	62.0	5.9	50.2	17.2	53.2	18.2
	边的数量	48.0	43.1	53.7	52.3	92.2	73.9
	网络数量（总计）	6 233		37 875		34 971	

8.6.1　时间聚合网络

1. 度分布

图 8-7 绘制了数据集 D_1 中的归一化度分布。研究发现,度分布在所有扇区中

都具有非常相似的形状。如果固定 τ_{min}，并令 $N_{min} \leqslant 3$，则大多数网络的度分布可以描述为泊松分布或正态分布。这种度分布通常出现在随机网络中，每两个节点之间存在边的概率均相等。随着 N_{min} 的增加，度分布曲线逐步向左移动，表面具有较大度的航班较少，而大多数航班仅有较少的邻居航班。所有航班的平均度数减小。当 N_{min} 超过 3 时，出现了一种不同类型的分布。大多数航班的度较小，而极少数航班的邻居较多。

为了检查最小时间距离 τ_{min} 对网络结构的影响，将每个数据集中的度数分组。由图 8-8 中可以看出一个明显的趋势：随着 τ_{min} 的增大，标准化度的值也在增加。因为当 τ_{min} 变得更长时，一个航班连接更多航班的概率会更高。注意到具有相同时间距离但具有最小权重值的度数 $N_{min}=1$ 和 $N_{min}=2$ 之间的差距比其他差距大得多。可能的原因是，大多数航班不需要在管制员的干预下飞行，因为这些航班没有交通冲突。

虽然时间聚合网络的分析揭示了管制员如何与航班通信，但是仍然无法识别通信的动力学模式。因此，需要采用时间有序的网络来研究管制员通信行为的时间演变。

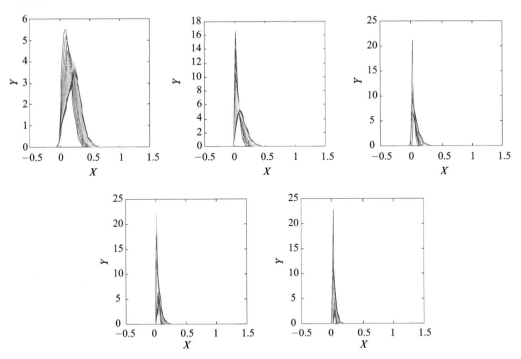

图 8-7　数据集 k_i 中的归一化度分布

图 8-7 中 X 轴表示飞行的归一化程度，Y 轴是概率密度。线条的颜色代表颜色条指示的最小距离 τ_{min}。

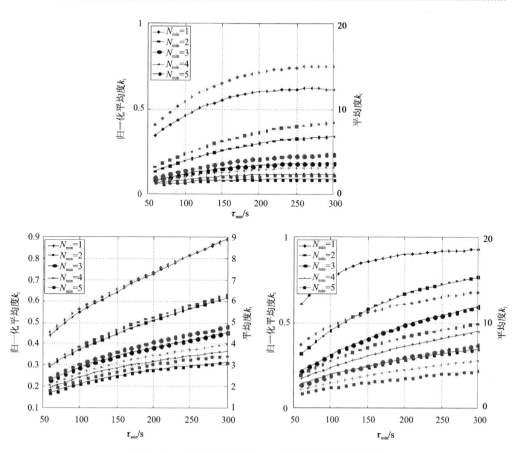

图 8-8　最小时间距离 τ_{min} 对聚合度分布的影响

图 8-8 中蓝色标记是节点 k_i 的平均度数,而黑色标记是标准化程度 $\hat{k}_i$。

2. 网络社团与空中交通的相关性

如果能够从管制员的通信中恢复扇区内交通的详细情况,非常有意义,但非常困难。扇区的飞机之间的物理关系可能与管制员认知加工的关系完全不同。下面将从管制员通信时间序列生成的网络中识别网络社团,进而分析交通在管制员头脑中的演变。研究发现,平均社团规模的大小与扇区的流之间的相关性取决于扇区类型(见表 8-2)。大多数航路扇区的相关性要比进近扇区的相关性更好。某些扇区中的通信可能与其他扇区不同,时间聚合网络无法揭示这些扇区内的通信行为。

表 8-2　扇区平均共同体规模和航班数量的相关系数

扇 区	相关系数	p 值	扇 区	相关系数	p 值
AOUS	0.106 3	0.717 5	ITMPO	0.945 1	<0.05
AP	0.965 3	<0.05	ITNPG	0.992 4	<0.05

扇　区	相关系数	p　值	扇　区	相关系数	p　值
AR	0.431 4	0.123 5	ITSPG	0.987 1	<0.05
CREIL	0.927 2	<0.05	OGRT	0.572 9	<0.05
DENPG	0.797 1	<0.05	OYOT	0.576 9	<0.05
DEPPO	0.744 3	<0.05	TE	0.456 8	0.100 6
DESPG	0.424	0.130 8	THLN	0.791 9	<0.05
INIPO	0.667	<0.05	TML	0.819 4	<0.05
INNPG	0.595 4	<0.05	TP	0.668 1	<0.05
INSPG	0.467 2	0.092 1	UJ	0.864 3	<0.05
ITBPG	0.981 1	<0.05	VILLA	0.726 8	<0.05

8.6.2　含时网络

从管制员的通信数据中计算四元函数 $e=(i,j,t,\delta t)$ 并不困难。通过四元组和窗口 τ_{tw}，可以得到 $n=T/\tau_{tw}$ 个网络集 $G_3^w(t_{min},t_{max})$，其中 t_{min} 是开始时间，t_{max} 是结束时间，$T=t_{max}-t_{min}$。以下介绍了在网络属性的情况下未显示的信息动态。尽管存在大量用于表征静态网络拓扑结构的度量，但仍然缺乏针对含时网络的度量，其中许多是建立在时间相关路径的概念之上的，这些路径定义了哪些节点可以从哪个节点到达某个观察窗口内的节点。常用的网络度量包括可达性比率、连通性、距离和延迟等。在空中交通管制的背景下，可选择时间依赖度以及研究时间网络的主题。

1. 时间依赖度分布

节点的时间依赖度可以被视为在时间窗口 τ_{tw} 内激活的连边数量。经常出现的连边表明节点之间的关系紧密。图 8 - 9 中的每个山丘的峰值显示了数据集 D_1 中每个航班的时间依赖度。从图中可以看出，大多数航班的度数为 2，而不是时间聚合网络中的 6（见图 8 - 7），这表明在实际管制过程中，管制员根据交通态势对航班进行动态分组。

空域结构可能会对时间聚合网络未发现的通信行为特征产生影响。对管制员认知行为的研究发现，空间结构在管制员管理空中交通中起着重要的作用。为了验证这一假设，在此计算了每个数据集中每个扇区的时间依赖度分布。然而，扇区度分布具有非常相似的形状，表明空域结构对通信行为影响很小。同时，整个时间窗口 τ_{tw} 的分布差异很大（图 8 - 10 显示了数据集 D_2 中度数的经验分布，τ_{tw} 从 60～110 s 不等）。有趣的是，统计结果显示大多数航班仅有两个邻居。究其原因，可能是与飞行有序通信相关。为了检验这一假设，下面分析研究网络摩体。

2. 网络摩体

与常用的网络摩体检测相反，本章要研究的是管制员通信中最常出现的模式，因

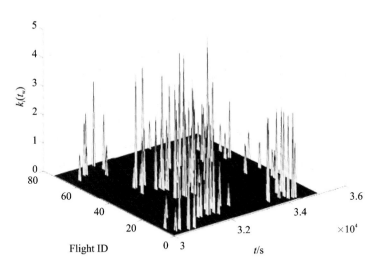

图 8 - 9 $\tau_{\min}=60$ s 的扇区中每个航班的时间依赖程度

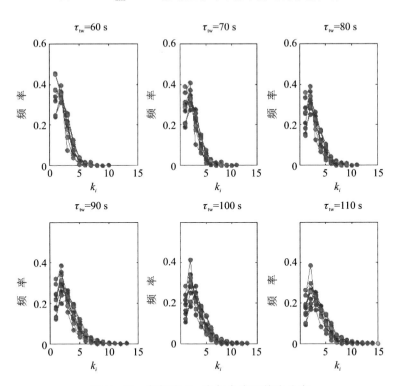

图 8 - 10 数据集 D_2 中每个扇区的度分布

此，使用观察窗口 τ_{tw} 计算时间网络的特征。

图 8-11 显示了三种类型摩体在不同时间窗 τ_{tw} 出现的频率。很明显,链状是最常出现的摩体。随着 τ_{tw} 的增加,环状和星形出现的频率都快速增加。如果增加 τ_{tw} 航班的长度,环状和星形出现的可能性将会增加。由图可以看出,在所有三个数据集中,当 $\tau_{tw} \approx 150$ s 时,链状和环状出现的可能性相同。与环状相比,星形摩体变得更慢。即使观察时间窗达到 5 min,星形摩体的百分比也不到 20%,但是环状摩体的百分比几乎达到了 60%。

链状和环状是管制员通信中最常见的主题,这种拓扑特征已经在其他社交行为信息传播中被报道。在时间聚合网络分析中,本章提出的假设是选择飞机进行通信的概率在整个时间跨度内均匀分布。然而,含时网络却揭示了链状和环状摩体是局部时间通信中最常见的模式。

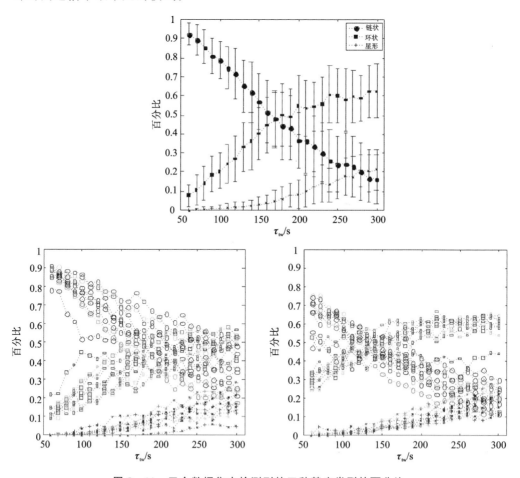

图 8-11　三个数据集中检测到的三种基序类型的百分比

图 8-11 中,圆圈代表链状的百分比;正方形代表环状的百分比;* 形代表星形的百分比。用不同颜色绘制扇区。

8.7　本章小结

　　网络视角对于理解信息传播过程非常有用。本章提出了一种分析空中交通管制员通信行为的时间网络方法。通过将管制员通信的时间序列转换成时间聚合网络或含时网络，进而对网络的特征进行了分析。研究发现，总体上管制员选择飞机进行通信的概率符合均匀分布。网络社团的大小和流量之间的相关性表明，所建立的通信网络确实含有交通信息。在对含时网络的分析中发现，链状和环状是管制员通信中最常出现的模式。仅依靠管制员的通信数据来跟踪信息在航班中的传播，能够识别管制员信息扩散的模式。

　　从网络科学的角度来看，管制员通信行为仍有待进一步研究。对于未来的空中交通管理运行，信息传播将非常重要。当前系统中的管制员充当信息传递的角色，而未来会由自动化系统来实现这一任务。管制员通信行为的潜在机制不仅有助于理解人类行为，而且还为自动化系统开发提供了理论支持。

第 9 章　管制员通信行为的波动特征

9.1　引　言

复杂系统正常运行时，系统各部分的行为可在一定范围内波动。以空中交通管制系统为例，管理者为每个管制扇区定义了可接受的最大数量的航班，以避免过高的工作负荷。但是每个扇区内的交通量可以在最大值下波动。此外，人类行为是认知过程的结果，即使面对相同的交通，管制员的策略也可能不同。空中交通和管制员认知行为都充满了随机性，但是管制员能够适应环境来管理空中交通。

为了描述一个系统部件的波动与系统中的平均行为之间的关系，泰勒幂律法则在许多学科中被广泛应用，例如生态学、河流流动、人类步态、金融市场以及社会活动等。泰勒幂律法则以 L. R. Taylor 命名，以表彰他在 1961 年发表的论文中提出了该法则，其通常采用以下形式：

$$\text{fluctuation} \approx \text{const.} \times \text{average}^{\alpha}, \quad \alpha \in [1/2, 1]$$

本章将探讨管制员语音通信行为的波动特征，以刻画管制员的自适应性行为。

9.2　波　动　标　度

9.2.1　时间尺度上的波动标度

考虑一个包含多个节点 i 的复杂系统。对于任何时间窗 $[t, t+\Delta t]$，测量节点 i 行为的数量 f_i 可以分解为在时间间隔期间贡献的 f_i 所有成分的总和，即

$$f_i^{\Delta t}(t) = \sum_{n=1}^{N_i^{\Delta t}(t)} V_{i,n}^{\Delta t}(t)$$

式中，$N_i^{\Delta t}(t)$ 是成分的数量，$V_{i,n}^{\Delta t}(t)(\geqslant 0)$ 是时间块中第 n 部分的成分的值。

然后，可以获得可观测间隔 $[0, T]$ 期间的时间平均行为 f_i 为

$$\langle f_i^{\Delta t} \rangle = \frac{1}{Q} \sum_{q=0}^{Q-1} f_i^{\Delta t}(q\Delta t) = \frac{1}{Q} \sum_{q=0}^{Q-1} \sum_{n=1}^{N_i^{\Delta t}(q\Delta t)} V_{i,n}^{\Delta t}(q\Delta t)$$

同时，方差可以计算为

$$\sigma_i^2(\Delta t) = \langle |f_i^{\Delta t}|^2 \rangle - \langle f_i^{\Delta t} \rangle^2$$

因为 $\langle f_i^{\Delta t} \rangle \equiv \Delta t \langle f_i \rangle$，在保持固定 Δt 的同时改变节点 i，标准偏差 σ 和均值 f 之

间的关系满足如下幂律分布：

$$\sigma_i(\Delta t) \propto \langle f_i \rangle^{\alpha_T}$$

通常，α_T 指数在 $[1/2，1]$ 的范围内。这种幂律关系被称为波动缩放或泰勒定律。

9.2.2　系综尺度上的波动标度

由于上述计算基于时间平均，因此称为时间波动缩放（TFS）。在复杂网络、股票市场、人类动态等研究中都报道了 TFS 的实证结果。

如果所有节点都有一个定义的类似大小的参数 S，例如线性延展（L）或面积（A），并且$\langle f \rangle$和 σ 的 i 依赖性仅通过 S 表示，那么可以通过以下步骤获得系综波动标度（EFS）。首先，S 内部的 f 集合平均值可以表示为

$$\overline{f_S^{\Delta t}} = \frac{1}{M_S} \sum_{\forall i; S_i = S} f_i^{\Delta t}(t)$$

式中，M_S 是具有大小 $S_i = S$ 的节点的数量。标准差可由下式给出，即

$$\overline{\sigma_S^2(\Delta t)} = \overline{\left[f_S^{\Delta t}\right]^2} - \overline{f_S^{\Delta t}}^2$$

波动标度也可以表示为

$$\overline{\sigma_S} \propto \overline{f_S}^{\alpha_E}$$

EFS 的经典研究是由泰勒提出的，他测量了不同面积自然种群的均值和方差。随着面积的增大，总体均值和方差均增大，但是二者之间存在幂律关系。

9.3　数　据

本章中分析了两个经验数据集：第一个是 Paris TMA 仿真数据集，第二个是 ATCOSIM 语料库数据集。Paris TMA 数据集中练习 100618A 扇区之间的关系如图 9-1 所示。图中每个节点对应一个扇区，方形扇区是用于流量初始化和终结的扇区，弧线的宽度与两个扇区之间交通量成比例，箭头表示交通流的流向。

9.4　实证结果

空中交通流的模式，例如交通的到达率和输出率，会影响管制员的通信行为。在之前的工作中，发现空中交通行为与通信行为之间存在很强的相关性。在研究管制员的通信标度行为之前，需要分析交通流量特性。影响管制员通信的主要流量因素之一是服务时间 τ，它定义为航班停留在扇区中的持续时间。航班在扇区内的时间越长，接收到更多通信的概率就越高。在巴黎终端区内，交通复杂性或扇区交通流量以及航线结构是异构。图 9-2 给出了每个扇区的到达率和服务时间的经验分布。

另一个问题是扇区内的交通是否存在标度，如其他交通系统所表现的那样。

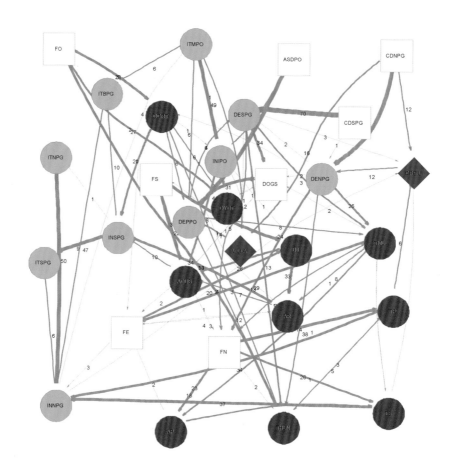

图 9 - 1　Paris TMA 扇区之间的关系

图 9 - 3 绘制了时间窗口（Δt）期间扇区中的飞机数量和标准偏差。虽然在对数-对数平面坐标中，两个变量之间呈现线性相关的趋势，但是由于扇区和交通量有限，在此无法给出定性的结论。巴黎终端区域的网络由 22 个扇区组成，并且仅有两个高峰时段的交通数据。与明尼苏达州交通网络中的 5 年交通数据相比，巴黎数据中没有出现波动标度并不奇怪。

9.4.1　时间尺度上的波动标度

鉴于每个扇区的流量异质性，管制员的通信也可能是异质的。为了检查管制员通信行为中是否存在时间波动标度，在对数-对数坐标图中绘制了管制员在不同时间窗内的平均通信数量和标准差。如图 9 - 4 所示，通信的平均值 f 与标准偏差 σ 之间的关系并不能用简单的方程来描述。交通量大的扇区，管制员通信行为也比较频繁，这表明流量对管制员的通信行为有重要影响。

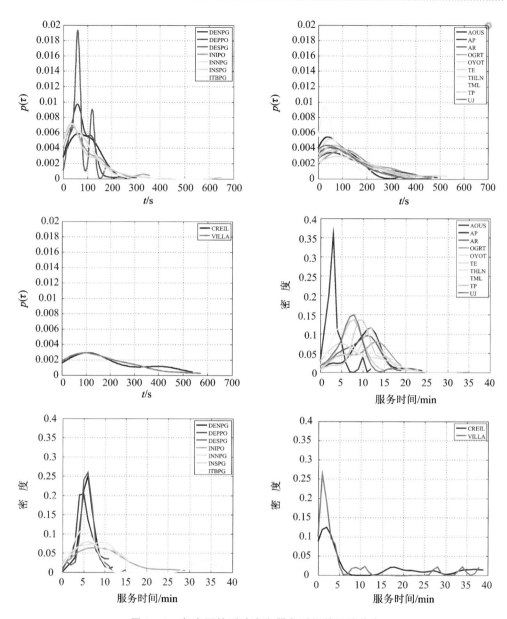

图 9 - 2　各扇区的到达率和服务时间的经验分布

9.4.2　系综尺度上的波动标度

为了最大限度地减少上述因素对管制员通信行为的影响，按照 9.2 节中描述的步骤计算通信行为波动。与泰勒的工作类似，根据进入该扇区的航班数量来计算管制员通信行为的平均值 $\overline{f}_i$ 和标准偏差 σ。当一架航班飞入该扇区时，管制员将提供若干指令和许可，以避免冲突并将航班移交到下一个扇区。因此，管制员的通信行为

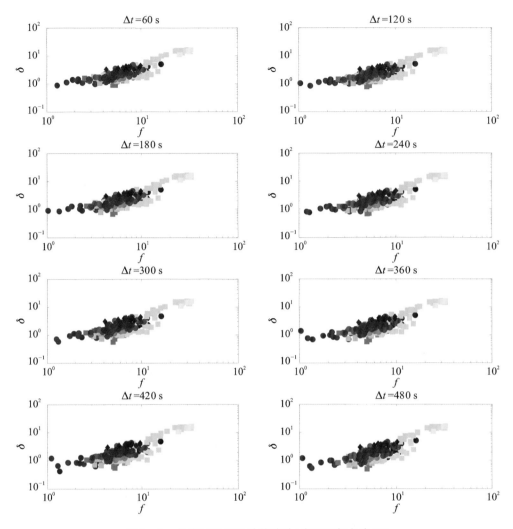

图 9 - 3　各扇区交通活动的波动(扇区用颜色表示)

数量为

$$f_i = \sum_{n=1}^{N_i} V_{i,n}$$

式中，N_i 是进入扇区 i 的航班数量，$V_{i,n}$ 是与航班 n 相关的通信行为数量。基于此可对具有不同航班数量的所有扇区进行计算。

　　随着航班数量的增加，通信行为的平均值和标准差都会迅速增长。根据图 9 - 5 中的通信活动的平均值绘制标准差。尽管交通模式和空域配置存在异质性，但是仍可清楚地观察到对数-对数图中经验数据可以采用线性拟合(红色实线)，这表明通信行为的标准差和平均行为确实表现出明显的泰勒幂律关系。当将另一个数据集 ATCOSIM 数据添加到图中时，拟合线的斜率略有变化，整个数据集仍然可以用 $\sigma =$

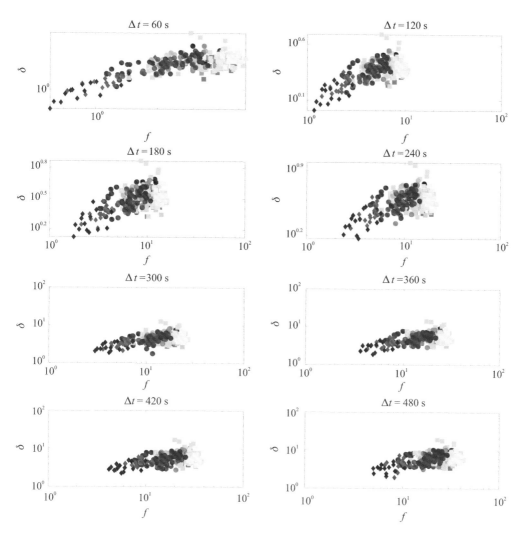

图 9 - 4　管制员通信中的时间波动(具有相同颜色的标记代表相同的扇区)

$\langle f \rangle^{\alpha}$ 表示,其中 $\alpha \approx 0.60$。ATCOSIM 数据集和 Paris TAM 数据集分别于 1997 年和 2010 年做了记录,总共包括 55 个管制员的通信数据。管制员的通信行为存在明显的波动标度特征。

图 9 - 5 中由于对数合并数据,拟合的指数显示误差为 ±0.04。以对数方式对点进行分组并对 $\lg \delta$ 进行平均以获得更好的可见性,误差条表示箱内的标准偏差。插图显示相同的轴范围,但没有分箱。

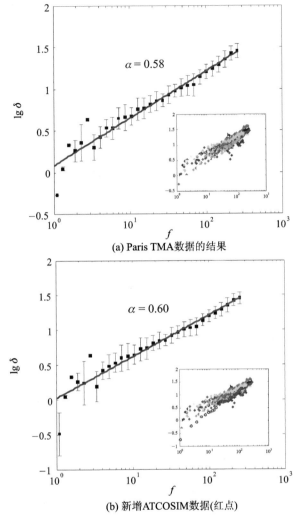

(a) Paris TMA数据的结果

(b) 新增ATCOSIM数据(红点)

图 9 - 5　通信活动的波动比例

9.5　管制员通信行为波动标度的解释

考虑以下两个均具备 n 元素的系统 S_1 和 S_2。系统 S_1 的元素 ith 由 i 个硬币组成。硬币的一侧标有 0,而另一侧标有 1。元素 ith 的活动 f_i 被定义为独立抛掷硬币结果的总和。显然 $\langle f_i \rangle \propto i$,方差 $\sigma_i \propto \sqrt{i}$,$\alpha = 1/2$。对于 S_2,元素 ith 有一个硬币,一侧是 0,而另一侧是 i。这相当于抛掷 i 个完全耦合的硬币,可以得出 $\langle f_i \rangle \propto i$ 和 $\sigma_i \propto i$,因此 $\alpha = 1$。采用这种过程的一个例子是模拟 Facebook 用户对应用程序采用的决策行为。

从空中交通管制的角度来看,管制员进行通信时应考虑以下两个因素:

① 扇区容量（C_a）。扇区容量指该扇区能够提供服务的最大航班数。当飞行流量达到扇区容量时，管制员将不再接受进入其扇区的航班。

② 分组（G_m）。Histon 和 Hansman 发现了管制员用于降低认知复杂性的 4 种策略，其中分组是最常见的一种。根据航班的特点，管制员将几个航班（G_m）作为一个整体进行管理。在这种情况下，与这些航班的通信将是耦合的。例如，如果有 m（$m \geqslant 2$）个航班存在潜在冲突，管制员将会交替与这些航班进行通信以解决潜在冲突。

在考虑扇区容量和分组行为的同时，本章提出以下模型来重现观察到的现象。首先，定义分组因子为 $g_f = G_m / C_a$，表示将被分组的航班占所有航班的比例。然后，改变上面"硬币系统"中的抛掷规则，定义管制员的通信规则。当系统大小是 s 时，会有 $g_f \times s$ 个硬币完全耦合。采用 1 000 次蒙特卡罗模拟仿真，令 g_f 从 0.01～1.0。仿真结果如图 9 - 6 所示。从图中可以看出，$g_f \in [0.08, 0.15]$，指数 α 介于 0.58～0.65 之间。当分组因子超过 0.8 时，α 几乎达到 1。因此，可以得出以下结论，当管制员管理交通时，大约有 10% 的航班被分组。

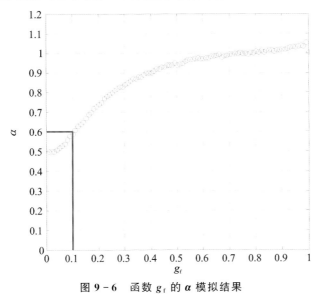

图 9 - 6　函数 g_f 的 α 模拟结果

9.6　本章小结

本章的实证分析表明，管制员的通信行为可用泰勒幂律来表征；本章还提出了一个基本模型来解释观察到的行为。尽管模型不能识别管制员分组行为的动态，但是对于表征整体管制模式仍然有意义。管制员通信行为的波动标度方法，一方面捕获了管制员行为的自适应现象，另一方面它可以揭示系统的固有性质。管制员是系统中的重要元素，允许元素行为在一定范围内波动，对系统的安全性非常重要。随着系统的不断发展，这种复杂的现象对于理解系统演化动力学至关重要。

第 10 章 结论和观点

空中交通管理具有较强的交叉学科性质,涵盖技术、经济和管理等学科。过去几十年中,从计算机科学、数学到心理学等不同领域的研究者和运行专家做了大量的研究工作,促进了人们对空中交通管制员行为的理解。然而,目前仍存在一些悬而未决的问题,例如,心理学家或空中交通管制专家仅提供了对管制员行为的定性描述。精确捕获和预测管制员行为的最大难度在于对人类自适应性的理解。

10.1 管制员行为动力学研究的意义

10.1.1 对于基于模型的空管系统仿真的意义

为了提高航空运输系统的性能,美国的 NextGen 和欧洲的单一天空计划都进入了部署阶段。一些先进技术和新运行概念已在新的系统中应用。毫无疑问,新的空管系统将更安全、更高效。然而新技术和方法在提高了系统性能的同时,也增加了系统的复杂性。以复杂系统建模的方法是分析整个空管系统及其子系统的有效方法。

事实上,计算机仿真技术的快速发展为空中交通管理的高逼真仿真提供了坚实的基础。但是,关于管制员的行为仿真一直是当前仿真工具存在的一个缺陷。简化的计算机仿真模拟和高保真实时的人在环路仿真之间的差异较大。对于验证新的运行概念或系统,需要开发合适的基于模型的仿真工具进行验证。仿真工具应足够灵活,以适应新概念所需的最高程度的真实性,同时还可以开展探索性研究工作。管制员的工作作为核心组成部分深深嵌入了空管系统。如果通过将管制员与系统分离来分析管制员的行为,则可能导致不恰当的结论。本书的研究对于仿真模型的开发具有重要意义。

10.1.2 对于认知行为研究的意义

像许多其他人类活动一样,管制员的行为是认知指导的,可通过信息接收、信息选择和搜索、信息整合、决策、通信等全信息流程来建模,并提供反馈。图 10-1 给出了空中交通管制员的主要认知任务。如果将管制员作为一个复杂的系统,则空中交通、空域、物理系统和规章制度都可以看作是这个复杂系统的输入。从系统的角度来看,空中交通管理的基本过程是复杂和随机的。管制员的输出是输入空中交通管理系统的管理策略。基于心理学、认知科学等的研究正试图分析人类系统的动力学行为。当环境发生变化时,自下而上的方法遇到了困难。其主要原因是系统部件之间的相互作用动力学未知。相比之下,自上而下的方法从观察管制员的输出开始,通过建立模型模拟其行为过程,从而可以应用于各种情形。

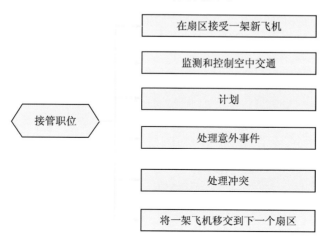

图 10-1　空中交通管制员的认知任务

10.1.3　对于系统设计的意义

在设计系统时,必须平衡系统的可预测性和灵活性。灵活性是系统应对不确定性的能力。空管系统必须能够抵抗自身变化,例如不可预见的天气,以确保航空运输的安全。自动化系统显著提升了系统的性能。在正常情况下,空管系统运行良好。但是,自动化系统无法应对意外情况,例如紧急事件。此时,管制员必须参与修改自动化系统的输入,或直接管理交通。

随着各种技术的发展,自动化和决策支持工具将系统内人类的角色从决策者和操作者转向监控者。长时间监控可能会导致管制员意识松懈。如果系统出现故障,管制员是否可以快速接管至关重要。通过管制员行为观察到的波动标度在一定程度上反映了系统的灵活性。当交通或空域出现大的波动时,管制人员必须作出交通管理方案。

10.2　未来可能的研究方向

10.2.1　对人类活动的理解

心理学研究旨在通过建立一般原则和研究特定原因来理解个体和群体的外部行为,进而分析人类心理。心理学家探索心理功能、认知功能和行为背后的生理和神经生物学过程的作用。随着新技术的发展,物理学、数学、计算机科学和其他学科的科学家们正在涌入理解人类行为的领域。

现有针对管制员行为的研究成果还不能实现计算认知模型在空中交通管理领域的广范应用。在安全第一优先的系统中,例如 ATM 系统和核电站,操作的能力对系统的性能最为重要。因此,确定人类认知能力的局限性具有科学价值和应用潜力。

10.2.2　复杂系统的建模

复杂系统的结构和结构上的动力学被进行了广泛研究。虽然网络科学为结构描述提供了有效的视角,但网络动态却遇到了瓶颈。此外,当人类参与系统时将更加困难。本书仅关注中间层的管制员动态,如何在宏观层面对 ATM 系统进行建模,需以管制员为组件进行研究。特别是在四维轨迹管理中,系统模型有助于理解和预测系统的关键方面,如不确定性、系统灵活性等。实际上,ATM 可以表示为二分复合系统,其中管制员作为一个部件,而飞机流程作为另一部分。对二分网络的分析可以使人们对整个系统有一个新的认识。

参考文献

［1］ Albert-László B. The origin of bursts and heavy tails in human dynamics［J］. Nature，2005，435（7039）：207.

［2］ Bjornstad O N. Noisy Clockwork：Time Series Analysis of Population Fluctuations in Animals［J］. Science，2001，293（5530）：638-643.

［3］ Bolgorian M，Raei R . A multifractal detrended fluctuation analysis of trading behavior of individual and institutional traders in Tehran stock market［J］. Physica A Statistical Mechanics & Its Applications，2011，390（21-22）：3815-3825.

［4］ Cai S M，Zhou P L，Yang H J，et al. Diffusion entropy analysis on the stride interval fluctuation of human gait［J］. Physica A，2007，375（2）：687-692.

［5］ Menezes M A D，A-L Barabási. Fluctuations in Network Dynamics［J］. Physical Review Letters，2004，92（2）：028701.

［6］ Eisler Zoltán，Bartos I，Kertész János. Fluctuation scaling in complex systems：Taylor′s law and beyond1［J］. Advances in Physics，2008，57（1）：89-142.

［7］ Eisler Z，Kertész J. Liquidity and the multiscaling properties of the volume traded on the stock market［J］. Europhysics Letters （EPL），2007，77（2）：28001.

［8］ Fronczak A，Fronczak P . Origins of Taylor′s power law for fluctuation scaling in complex systems［J］. Physical Review E，2010，81（6）：66-112.

［9］ Gopikrishnan P，Plerou V，Gabaix X，et al. Statistical properties of share volume traded in financial markets［J］. Physical Review E，2000，62（4）：R4493-R4496.

［10］ Grenfell B T，Wilson K，Finkenstädt B F，et al. Noise and determinism in synchronized sheep dynamics［J］. Nature，1998，394：674-677.

［11］ Liebovitch L S，Todorov A T. Fractal dynamics of human gait：stability of long-range correlations in stride interval fluctuations［J］. Journal of Applied Physiology，1996，80（5）：1446-1447.

［12］ Hansman R J，Histon J M . Mitigating Complexity in Air Traffic Control：The Role of Structure-Based Abstractions［J］. Massachusetts Institute of Technology，2008.

［13］ Kallus K W，D van Damme，Barbarino M. Model of the cognitive aspects of air traffic control ［J］. EUROCONTROL，1997.

［14］ Onnela J P，Reed-Tsochas F . Spontaneous emergence of social influence in online systems ［J］. Proceedings of the National Academy of Sciences，2010，107（43）：18375-18380.

［15］ Movahed M S，Hermanis E . Fractal analysis of river flow fluctuations［J］. Physica A：Statistical Mechanics and its Applications，2008，387（4）：915-932.

［16］ Sæ Ther B . Population Dynamical Consequences of Climate Change for a Small Temperate Songbird［J］. Science，2000，287（5454）：854-856.

［17］ Sato A H，Nishimura M，Ho Yst J A . Fluctuation scaling of quotation activities in the foreign exchange market［J］. Physica A，2010，389（14）：2793-2804.

［18］ Taylor L R . Aggregation，Variance and the Mean［J］. Nature，1961，189（4766）：732-735.

[19] Taylor L R，Taylor R A J．Aggregation，migration and population mechanics[J]．Nature，1977，265(5593):415-421.

[20] Taylor L R，Perry J N．Behavioural dynamics[J]．Nature，1983，303(5920):801-804.

[21] Kowler E．Eye movements：The past 25 years[J]．Vision Research，2011，51(13):1457-1483.

[22] Ball L J，Lucas E J，Miles J N V，et al．Inspection times and the selection task：What do eye-movements reveal about relevance effects[J]．The Quarterly Journal of Experimental Psychology Section A，2003，56(6):1053-1077.

[23] Just M A，Carpenter P A．Eye fixations and cognitive processes．Cogn．Psychol[J]．Cognitive Psychology，1976，8(4):441-480.

[24] Yoon D，Narayanan N H．Mental Imagery in Problem Solving：An Eye Tracking Study [C]// Symposium on Eye Tracking Research & Applications．ACM，2004.

[25] Zelinsky G，Sheinberg D．Why some search tasks take longer than others：Using eye movements to redefine reaction times[J]．Studies in Visual Information Processing，1995，6(5):325-336.

[26] Hendrickson J J．Performance，preference，and visual scan patterns on a menu-based system：implications for interface design[J]．ACM SIGCHI Bulletin，1989，20(SI):217-222.

[27] Byrne M D，Anderson J R，Douglass S，et al．Eye tracking the visual search of click-down menus[C]// Proceeding of the Chi 99 Conference on Human Factors in Computing Systems：the Chi Is the Limit．DBLP，1999.

[28] Aaltonen A，Hyrskykari A．Spots，or How Do Users Read Menus？[C]// Human Factors in Computing Systems．Chi 98 Conference，1998.

[29] Cowen L．An eye movement analysis of web-page usability[M]// People and Computers XVI-Memorable Yet Invisible．Springer London，2002.

[30] Goldberg J H，Stimson M J，Lewenstein M，et al．Eye tracking in web search tasks：design implications[J]．Eye Tracking Research & Applications Symposium Acm，2002:51-58.

[31] Poole A，Ball L J，Phillips P．In Search of Salience：A Response-time and Eye-movement Analysis of Bookmark Recognition [M]．People and Computers XVIII — Design for Life，2005.

[32] Roast C，Dearden A，Khazaei B．Enhancing Contextual Analysis to Support the Design of Development Tools[C]// People and Computers XVIII - Design for Life，Proceedings of HCI 2004，Leeds Metropolitan University，UK，6-10 September 2004．DBLP，2004.

[33] Wu D J，Lohse G L．Eye Movement Patterns on Chinese Yellow Pages Advertising[J]．Electronic Markets，2001，11(2):87-96.

[34] Resnick M，Albert W．The Impact of Advertising Location and User Task on the Emergence of Banner Ad Blindness：An Eye-Tracking Study[J]．International Journal of Human - Computer Interaction，2014，30(3):206-219.

[35] Ahlstrom U，Friedman-Berg F J．Using eye movement activity as a correlate of cognitive workload[J]．International Journal of Industrial Ergonomics，2006，36(7):623-636.

[36] Stasi L L D，Marchitto M，Adoracíon Antolí，et al. Approximation of on-line mental work-load index in ATC simulated multitasks[J]. Journal of Air Transport Management，2010，16(6)：330-333.

[37] Di Stasi L L，Mccamy M B，Catena Andrés，et al. Microsaccade and drift dynamics reflect mental fatigue[J]. European Journal of Neuroscience，2013，38(3)：2389-2398.

[38] Imants P，De Greef T. Eye Metrics for Task-Dependent Automation[C]//Proceedings of the 2014 European Conference on Cognitive Ergonomics. Vienna，Austria，September，2014.

[39] Marchitto M，Benedetto S，Baccino T，et al. Air traffic control：Ocular metrics reflect cognitivecomplexity[J]. International Journal of Industrial Ergonomics，2016，54：120-130.

[40] van Meeuwen L W，Jarodzka H，Brand-Gruwel S，et al. Identification of effective visual problem solving strategies in a complex visual domain[J]. Learning and Instruction，2014，32：10-21.

[41] Kang Z，Landry S J. Using Scanpaths as a Learning Method for a Conflict Detection Task of Multiple Target Tracking[J]. Human Factors：The Journal of the Human Factors and Ergonomics Society，2014，56(6)：1150-1162.

[42] Yoshida H，Aoyama H，Inoue S，et al. Analyzing Positive and Negative Effects of Salience in Air Traffic Control Tasks[C]// International Conference on Applied Human Factors and Ergonomics. Springer，Cham，2017.

[43] Yan-Jun W，Yin-Xin L. Statistical Analysis of Eye Movements between Air Traffic Control Experts and Novices[J]. Journal of University of Electronic Science & Technology of China，2017，46(4)：613-620.

[44] 靳慧斌，洪远，蔡亚敏. 基于交互指标的空中交通管制员工作负荷实时测量方法研究[J]. 安全与环境工程，2015，22(3)：147-150.

[45] 陈健. 基于眼动数据和 PERCLOS 的管制员疲劳状态研究[J]. 无线互联科技，2015(10)：130-131.

[46] 靳慧斌，朱国蕾. 眼动指标检测管制疲劳的有效性[J]. 科学技术与工程，2018(19)：136-140.

[47] 杨新湦，王茜. 眼动指标、管制负荷及航空器动态特征之间的相关性分析[J]. 科学技术与工程，2018，18(15)：333-340.

[48] 王燕青，王健新，惠金有. 大流量管制情境下雷达管制员眼动特征分析[J]. 中国安全科学学报，2016，26(6)：1-6.

[49] 杨新湦，王茜. 眼动特征与管制任务的内在关系[J]. 中国科技论文，2018(7)：786-790.

[50] 陈健，靳慧斌，刘文辉，等. 管制员与管制学员模拟雷达管制中注视转移规律研究[J]. 科学技术与工程，2017(3)：333-338.

[51] 王超，于超博，王敏. 基于注意力分配的管制员调配飞行冲突认知过程研究[J]. 安全与环境学报，2016，16(4)：205-209.

[52] Okogbaa O G，Shell R L，Filipusic D. On the investigation of the neurophysiological correlates of knowledge worker mental fatigue using the EEG signal[J]. Applied Ergonomics，1994，25(6)：355-365.

[53] Slobounov S M，Fukada K，Simon R，et al. Neurophysiological and behavioral indices of time pressure effects on visuomotor task performance[J]. Cognitive Brain Research，2000，9(3)：287-298.

[54] Boksem M A S，Meijman T F，Lorist M M. Effects of mental fatigue on attention：An ERP study[J]. Cognitive Brain Research，2005，25(1)：107-116.

[55] Doppelmayr M，Finkenzeller T，Sauseng P. Frontal midline theta in the pre-shot phase of rifle shooting：Differences between experts and novices[J]. Neuropsychologia，2008，46(5)：1463-1467.

[56] Borghini G，Astolfi L，Vecchiato G，et al. Measuring neurophysiological signals in aircraft pilots and car drivers for the assessment of mental workload，fatigue and drowsiness[J]. Neuroscience & Biobehavioral Reviews，2014，44(Sp. Iss. SI)：58-75.

[57] Hou X，Trapsilawati F，Liu Y，et al. EEG-Based Human Factors Evaluation of Conflict Resolution Aid and Tactile User Interface in Future Air Traffic Control Systems[M]. Advances in Human Aspects of Transportation. Springer International Publishing，2017.

[58] 毛喆. 基于驾驶员生理特征分析的驾驶疲劳状态识别方法研究[D]. 武汉：武汉理工大学，2006.

[59] 祝亚兵，曾友雯，冯珍，等. 基于脑电信号特征的驾驶疲劳检测方法研究[J]. 长春理工大学学报(自然科学版)，2016，39(5)：119-122.

[60] 郭元兆. 基于脑电的疲劳驾驶检测技术的研究[D]. 沈阳：东北大学，2011.

[61] 王莉莉，陈凤兰，基于脑电的管制员认知行为与疲劳的关系研究[J]. 中国安全科学学报，2018(7)：1-6.

[62] 阎克乐，张文彩，张月娟，等. 心率变异性在心身疾病和情绪障碍研究中的应用[J]. 心理科学进展，2006，14(2)：261-265.

[63] 吴乃玉. 基于EEG信号的情绪分类研究[D]. 北京：中央民族大学，2013.

[64] 成鑫，陈飞. 新手驾驶员紧张度与道路线形及行驶速度相关性分析[J]. 公路交通科技(应用技术版)，2010(11)：250-253.

[65] 胡相锋. 基于生物反馈试验的高原公路驾驶员生理变化特性研究[D]. 乌鲁木齐：新疆农业大学，2015.

[66] 胡相锋，艾力·斯木吐拉，刘洋. 基于生物反馈试验的高原公路LF值影响分析[J]. 交通科技与经济，2015(3)：15-19.

[67] 李岩岩，艾力·斯木吐拉. 基于生物反馈试验的高原公路驾驶员生理特性研究[J]. 科学技术与工程，2016，16(8)：150-155.

[68] 王洪芳，田建全，胡乃鉴. 生物反馈训练对飞行员心率变异性影响的观察[J]. 人民军医，2016(9)：876-877.

[69] 陈农田，谭鑫. 基于肌电皮温检测的飞行员操纵行为分析实验设计[J]. 实验技术与管理，2015，230(11)：202-205.

[70] Dorr M，Martinetz T，Gegenfurtner K R，et al. Variability of eye movements when viewing dynamic natural scenes[J]. Journal of Vision，2010，10(10)：28-28.

[71] Smith D T，Schenk T. The Premotor theory of attention：Time to move on[J]. Neuropsy-

chologia，2012，50(6):1104-1114.

[72] Norman D，Shallice T. Attention to action: Willed and automatic control of behavior[J]. Chip Report，1986，21(5):354-354.

[73] Cave，Kyle R . Finding meaning in eye movements[J]. Nature Human Behaviour，2017.

[74] Wolfe J M，Horowitz T S . Five factors that guide attention in visual search[J]. Nature Human Behaviour，2017，1(3):0058.

[75] Koning B B D，Tabbers H K，Rikers R M J P，et al. Attention guidance in learning from a complex animation: Seeing is understanding[J]. Learning & Instruction，2010，20(2): 111-122.

[76] Yarbus A L . Eye Movements During Perception of Moving Objects[M]. Eye Movements and Vision. Springer US，1967.

[77] Wen-Chin L，Peter K，et al. How much is too much on monitoring tasks? Visual scan patterns of single air traffic controller performing multiple remote tower operations [J]. International Journal of Industrial Ergonomics，2018，67(5):135-144.

[78] Henderson J M , Hayes T R . Meaning-based guidance of attention in scenes as revealed by meaning maps[J]. Nature Human Behaviour，2017.

[79] Castelhano M S，Henderson J M. Flashing scenes and moving windows: an effect of initial scene gist on eye movements[J]. Journal of Vision，2003,3(9):67-67a.

[80] Castelhano M S，Henderson J M. Initial scene representations facilitate eye movement guidance in visual search[J]. Journal of Experimental Psychology: Human Perception and Performance，2007，33(4):753-763.

[81] Võ，Melissa L H. The time course of initial scene processing for eye movement guidance in natural scene search[J]. Journal of Vision，2010，10(3):1-13.

[82] Henderson J M，Brockmole J R，Castelhano M S，et al. Chapter 25 – Visual saliency does not account for eye movements during visual search in real-world scenes[J]. Eye Movements，2007:537-562.

[83] Henderson J M , Malcolm G L , Schandl C . Searching in the dark: Cognitive relevance drives attention in real-world scenes[J]. Psychonomic Bulletin & Review，2009.

[84] Anderson B A，Yantis S. Persistence of value-driven attentional capture. [J]. Journal of Experimental Psychology: Human Perception & Performance，2013，39(1):6-9.

[85] Peter K，Wen Chin L，Chung San Y，et al. The Impact of Alerting Designs on Air Traffic Controller's Eye Movement Patterns and Situation Awareness[J]. Ergonomics，2018:1-22.

[86] Henderson J M. Gaze Control as Prediction[J]. Trends in Cognitive Sciences，2017，21(1): 15-23.

[87] Land M F，Mcleod P. From eye movements to actions: how batsmen hit the ball[J]. Nature Neuroscience，2000，3(12):1340-1345.

[88] Mann D L，Wayne S，Bruce A，et al. The Head Tracks and Gaze Predicts: How the World's Best Batters Hit a Ball[J]. PLoS ONE，2013，8(3):58289.

[89] Krassanakis V，Filippakopoulou V，Nakos B. EyeMMV toolbox: An eye movement post-a-

nalysis tool based on a two-step spatial dispersion threshold for fixation identification[J]. Journal of Eye Movement Research, 2014, 7(1): 1-10.

[90] Bashan A, Bartsch R P, Kantelhardt J W, et al. Network physiology reveals relations between network topology and physiological function[J]. Nature Communications, 2012, 3:702.

[91] Kantelhardt J W, Zschiegner S A, Koscielny-Bunde E, et al. Multifractal detrended $ uctuation analysis of nonstationary time series[J]. Physica A: Statistical Mechanics and its Applications, 2002, 316(1-4).

[92] Diaz-Piedra C, Rieiro H, Cherino A, et al. The effects of flight complexity on gaze entropy: An experimental study with fighter pilots[J]. Applied Ergonomics, 2019, 77:92-99.

[93] Zeier H, Brauchli P, Joller-Jemelka H I. Effects of work demands on immunoglobulin A and cortisol in air traffic controllers[J]. Biological Psychology, 1996, 42(3): 413-423.

[94] Finkelman J M, Kirschner C. An information-processing interpretation of air traffic control stress[J]. Human factors, 1980, 22(5): 561-567.

[95] Hopkin V D. The Impact of Automation on Air Traffic Control Systems[C]. Proceedings of NATO Advanced Stady Institute. Maratea, Italy, June 1990.

[96] Paubel P-V, Averty P, Raufaste E. Effects of an Automated Conflict Solver on the Visual Activity of Air Traffic Controllers[J]. The International Journal of Aviation Psychology, 2013, 23(2): 181-196.

[97] Brookings J B, Wilson G F, Swain C R. Psychophysiological responses to changes in workload during simulated air traffic control[J]. Biological Psychology, 1996, 42(3): 361.

[98] Fitts P M, Jones R E, Milton J L. Eye Fixation of Aircraft Pilots, III. Frequency, Duration, and Sequence Fixations When Flying Air Force Ground-controlled Approach System [R]. City, 1949.

[99] Milton J L. Analysis of pilots' eye movement in flight[J]. Journal of Avian Medicine and Surgery, 1952 (23): 67.

[100] Williams K W, Ball J D. Usability and Effectiveness of Advanced General Aviation Cockpit Displays for Visual Flight Procedures[R]. City: Office of Aerospace Medicine Washington, 2003.

[101] Kasarskis P, Stehwien J, Hickox J, et al. Comparison of Expert and Novice Scan Behaviors During VFR Flight [J]. Proceedings of International Symposium on Aviation Psychology, 2001.

[102] Ottati W L, Hickox J C, Richter J. Eye Scan Patterns of Experienced and Novice Pilots during Visual Flight Rules (VFR) Navigation[J]. Proceedings of the Human Factors and Ergonomics Society Annual Meeting, 1999, 43(1):66-70.

[103] Sadasivan S. Use of eye movements as feedforward training for a synthetic aircraft inspection task[C]// Sigchi Conference on Human Factors in Computing Systems, 2005.

[104] Itoh Y, Hayashi Y, Tsukui I, et al. The ergonomic evaluation of eye movement and mental workload in aircraft pilots[J]. Ergonomics, 1990, 33(6): 719-732.

[105] Veltman J A, Gaillard A W K. Physiological workload reactions to increasing levels of task

difficulty[J]. Ergonomics，1998，41(5)：656-669.

[106] 康卫勇，袁修干，柳忠起. 基于脑力负荷飞机座舱视觉显示界面优化设计[J]. 北京航空航天大学学报，2008(7).

[107] 张磊，庄达民. 人机显示界面中的文字和位置编码[J]. 北京航空航天大学学报，2011，2(37)：185-188.

[108] 柳忠起，袁修干，刘伟，等. 飞行员注意力分配的定量测量方法[J]. 北京航空航天大学学报，2006，32(5).

[109] 柳忠起，袁修干，樊瑜波，等. 模拟飞机着陆飞行中专家和新手眼动行为的对比[J]. 航天医学与医学工程，2009，22(5):358-361.

[110] 牛四芳，娄振山，卢天娇. Su-30 飞行员在模拟飞行任务中的眼动指标分析[J]. 现代生物医学进展，2013，13(34).

[111] 孙瑞山，汪芐. 飞行模拟器环境下飞行员视觉特征[J]. 北京航空航天大学学报，2013，39(7):897-901.

[112] Ahlstrom U，Friedman-Berg F J. Using eye movement activity as a correlate of cognitive workload[J]. International Journal of Industrial Ergonomics，2006，36(7):623-636.

[113] Andreas Müller，Petru R，Seitz L，et al. The relation of cognitive load and pupillary unrest [J]. International Archives of Occupational & Environmental Health，2011，84(5)：561-567.

[114] Tokuda S，Obinata G. Development of an algorithm to detect saccadic intrusions as an index of mental workload[C]// Sice Conference. IEEE，2012.

[115] 靳慧斌，洪远，蔡亚敏. 基于交互指标的空中交通管制员工作负荷实时测量方法研究[J]. 安全与环境工程，2015，22(3):147-150.

[116] 靳慧斌，王丹，张颖，等. 注视时长及扫视速度与管制负荷的关系研究[J]. 科学技术与工程，2015，15(20):252-255.

[117] 王燕青，王健新，惠金有，等. 大流量管制情境下雷达管制员眼动特征分析[J]. 中国安全科学学报，2016，26(6):1-6.

[118] 靳慧斌，王丹，王松涛，等. 管制员视觉搜索特征与飞机数目的关系研究[J]. 中国科技论文，2015(19):2291-2294.

[119] 王超，于超博. 基于多生理参数的空中交通管制员认知负荷综合评估[J]. 科学技术与工程，2014，14(27):295-300.

[120] 靳慧斌，蔡亚敏，洪远，等. 模拟管制中管制员注视转移特征研究[J]. 中国安全科学学报，2014(10).

[121] Kang Z，Bass E J，Lee D W. Air traffic controllers visual scanning，aircraft selection，and comparison strategies in support of conflict detection[J]. Proceedings of the Human Factors and Ergonomics Society Annual Meeting，2014，58(1):77-81.

[122] Marchitto M，Benedetto S，Baccino T，et al. Air traffic control：Ocular metrics reflect cognitive complexity[J]. International Journal of Industrial Ergonomics，2016，54:120-130.

[123] Kang Z，Landry S J. An Eye Movement Analysis Algorithm for a Multielement Target Tracking Task：Maximum Transition-Based Agglomerative Hierarchical Clustering [J].

　　　　IEEE Transactions on Human-Machine Systems，2015，45(1)：13-24.

[124] Mcclung S N，Ziho K．Characterization of Visual Scanning Patterns in Air Traffic Control
　　　　[J]．Computational Intelligence and Neuroscience，2016：1-17.

[125] Kang Z，Landry S J．Using Scanpaths as a Learning Method for a Conflict Detection Task
　　　　of Multiple Target Tracking[J]．Human Factors：The Journal of the Human Factors and
　　　　Ergonomics Society，2014，56(6)：1150-1162.

[126] van Meeuwen L W，Jarodzka H，Brand-Gruwel S，et al．Identification of effective visual
　　　　problem solving strategies in a complex visual domain[J]．Learning and Instruction，2014，
　　　　32：10-21.

[127] Di Stasi L L，Mccamy M B，Catena，Andrés，et al．Microsaccade and drift dynamics reflect
　　　　mental fatigue[J]．European Journal of Neuroscience，2013，38(3)：2389-2398.

[128] Wang Y，Cong W，Dong B，et al．Statistical analysis of air traffic controllers' eye move-
　　　　ments [C]．The 11th USA/Europe ATM R&D Seminar．Lisbon，Portugal，2015.

[129] Imants P，De Greef T．Proceedings of the 29th Annual European Conference on Cognitive
　　　　Ergonomics -Using eye tracker data in air traffic control[J]．ACM Press the 29th Annual
　　　　European Conference - Rostock，Germany (2011.08.24-2011.08.26)，2011：259.

[130] Dodge，Raymond．An experimental study of visual fixation.[J]．The Psychological Review：
　　　　Monograph Supplements，1907，8(4)：1-95.

[131] Adler F H，Fliegelman M．Influence of fixation on the visual acuity[J]．AMA Archives of
　　　　Opthalmology，1934，12：475-483.

[132] Javal L E．Essai sur la physiologic de la Lecture[J]．Ann D'Oculistique，1878，82：
　　　　242-253.

[133] Yarbus A L．Eye Movement and Vision[M]．City：USA，1967.

[134] Bahill A T，Brockenbrough A，Troost B T．Variability and development of a normative
　　　　data base for saccadic eye movements[J]．Investigative Ophthalmology & Visual Science，
　　　　1981，21(1 Pt 1)：116-125.

[135] Russo M B，Brown T B，Stern J A，et al．Cognition，Blinks，Eye-Movements，and Pupil-
　　　　lary Movements During Performance of a Running Memory Task[J]．Aviat Space Environ
　　　　Med，2005，76(7).

[136] Stern J A，Boyer D，Schroeder D．Blink Rate：A Possible Measure of Fatigue[J]．Human
　　　　Factors The Journal of the Human Factors and Ergonomics Society，1994，36(2)：285-297.

[137] John A Stern，Larry C Walrath，Goldstein R．The Endogenous Eyeblink[J]．Psychophysiol-
　　　　ogy，1984，21(1)：22-33.

[138] 赵晓琳，王世刚，姜秀红，等．基于人眼状态的驾驶员疲劳检测[J]．吉林大学学报(信息科
　　　　学版)，2015，33(4)：449.

[139] Warr D，Cole H A，Reid G B．A Comparative Evaluation of Two Subjective Workload
　　　　Measures：The Subjective Workload Assessment Technique and the Modified Cooper Harper
　　　　Scale[J]．WRIGHT STATE UNIV DAYTON OH，1986：1-5.

[140] Hart S G，Wickens C D．Workload Assessment and Prediction[M]．Manprint，1990.

［141］ Averty P，Athenes S，Collet C，et al. Evaluating A New Index Of Mental Workload In Real ATC Situation Using Psychophysiological Measures［C］. Digital Avionics Systems Conference，2002. Proceedings. The 21st. IEEE，2002.

［142］ Harper R P，Cooper G E. Handling qualities and pilot evaluation［J］. Journal of Guidance Control & Dynamics，2012，9(5)：515-529.

［143］ Manning C A，Pfleiderer E M. Relationship of Sector Activity and Sector Complexity to Air Traffic Controller Taskload［J］. Federal Aviation Administration，2006：1-12.

［144］ Histion Jonathan M. Mitigating Complexity in Air Traffic Control：The Role of Structure-Based Abstraction ［D］. Cambridge：Massachusetts Institute of Technology，2008.

［145］ Sheldon M Ross. 应用随机过程概论模型导论［M］. 龚光鲁,译. 北京：人民邮电出版社，2007.

［146］ Hacisalihzade S S，Stark L W，Allen J S. Visual perception and sequences of eye movement fixations：a stochastic modeling approach［J］. IEEE Transactions on Systems，Man and Cybernetics，1992，22(3)：474-481.

［147］ Krassanakis V，Filippakopoulou V，Nakos B. EyeMMV toolbox：An eye movement post-analysis tool based on a two-step spatial dispersion threshold for fixation identification［J］. Journal of Eye Movement Research，2014，7(1)：1-10.